长江重要鱼类产卵场调查与保护

CHANGJIANG ZHONGYAO YULEI CHANLUANCHANG
DIAOCHA YU BAOHU

段辛斌　高　雷　田辉伍　刘绍平◎著

中国农业出版社
北　京

前 言

长江是我国的第一大河，流域面积广阔，鱼类资源极为丰富，渔业产量约占全国淡水渔业产量的60%，是我国淡水鱼类最主要的产区。长江水系共有鱼类350余种，许多种类如青鱼、草鱼、鲢、鳙、铜鱼、鳊等都是长江重要经济鱼类，长江还有特有鱼类194种，是我国生物多样性的重要代表。长江也是著名的四大家鱼及鲥、鳗鲡等许多名贵鱼类的原种基地，是我国重要的淡水鱼类种质资源宝库。同时长江还是我国四大家鱼、鳗鲡鱼苗等淡水苗种的重要生产基地。

20世纪80年代，为探讨葛洲坝水利枢纽对四大家鱼繁殖的影响，由国家水产总局组织相关单位开展了四大家鱼产卵场调查。重庆至武穴1 520 km江段内，共发现四大家鱼产卵场24处，产卵规模约173亿粒。为进一步复核葛洲坝对四大家鱼繁殖的影响，1986年，中国科学院水生生物研究所等单位在重庆至武穴田家镇1 460 km江段内调查到四大家鱼产卵场30处。与建坝前相比，长江原来存在的绝大多数产卵场都有亲鱼活动，产卵场的分布和位置没有明显变化。为评价三峡工程对四大家鱼繁殖的影响，长江水产研究所在监利江段持续调查表明，三峡工程蓄水前（1997—2002年）监利江段的四大家鱼卵苗年均径流量为25亿粒（尾），2003年三峡库区蓄水后，四大家鱼卵苗量急剧下降，至2009年监利断面四大家鱼卵苗径流量已不足1亿粒（尾）。

长江流域四大家鱼等主要经济物种的资源下降也引起了国家相关部门重视，并采取了兴建四大家鱼原种场、实施禁渔期制度、划定四大家鱼种质资源保护区及开展渔业资源增殖放流等一系列补救措施，这些措施对四大家鱼种质资源和资源量的保护和修复起到了积极作用。但由于缺乏系统本底数据和资料，很难阐明四大家鱼产卵场并提出更为有效的保护措施，水生生物资源家底不清已成为制约其资源养护工作开展的突出问题。查明重要鱼类产卵场、掌握鱼类早期资源现状，是制定栖息地修复和资源养护综合措施的重要科学依据。因此，亟须开展长江流域主要经济鱼类产卵场及早期资源的科考调查。

2014—2018年，在农业部（现为农业农村部）渔业渔政管理局的组织下，中国水产科学研究院长江水产研究所牵头开展了长江流域重要鱼类产卵场及洄游通道调查，并负责对长江上游（四川攀枝花—重庆丰都）和长江中游（湖北宜昌—江西九江）干流约2 200 km江段及雅砻江、岷江、赤水河、湘江、汉江和赣江6个重要支流产卵场及鱼类早期资源现状开展系统调查，基于连续调查资料，在结合历史调查数据开展广泛分析的基础上完成了本书的撰写。本书第一章根据文献资料对产卵场的定义、类型和特点，长江中上游水域环境、鱼类产卵场历史状况进行介绍；第二章就产卵场的调查时间与区域、样品采集及处理、数据处理及分析等进行了介绍；第三章至第七章依据本次调查结果从产卵场的分布、产卵场的规模、产卵场特别保护期三个方面分别对四大家鱼、长薄鳅、圆口铜鱼、铜鱼和鳊5种重要经济鱼类的产卵场现状以及四大家鱼产卵场的地形特征和水动力学特征进行了阐述；第八章就产卵场保护面临的问题与对策进行了探讨。

本书得到了国家重点研发计划项目“长江流域水生生境演变规律及其对水生生物完整性的影响机理”（2022YFC3202001）、国家自然科学基金委员会-中华人民共和国水利部-中国长江三峡集团有限公司长江水科学研究联合基金项目“基于中华鲟和四大家鱼自然繁殖需求的三峡水库生态调度机制研究”（U2240214）、国家自然科学基金“长江中游四大家鱼产卵场定位及特征研究”（51579247）和“长江中游-洞庭湖水系鱼卵、仔幼鱼洄游格局研究”（31602161）、农业农村部项目“长江中上游重要渔业水域主要经济物种产卵场及洄游通道调查”和中国水产科学研究院中央级公益性科研院所基本科研业务费专项资金（2023TD09）等项目的资助。本书得到了农业农村部渔业渔政管理局、农业农村部长江流域渔政监督管理办公室等主管部门的支持。特别感谢中国水产科学研究院长江水产研究所陈大庆研究员对本书提出的宝贵指导意见、湖南农业大学李鸿研究员为本书提供了几种鱼类的珍贵照片。本书在编写过程中，得到许多专家的支持，中国水产科学研究院长江水产研究所汪登强、邓华堂、俞立雄、王珂、刘明典、朱峰跃、杨浩等在野外调查、数据分析处理方面付出了辛勤劳动，谨在此表示衷心感谢。限于作者学识水平有限，书中难免存在疏漏和错误之处，敬请读者提出宝贵意见，以期将来进一步完善。

目　录

第一章　绪　论

第一节　产卵场的定义、类型和特点

一、产卵场定义

在水体中，凡适合卵生鱼类产卵，在生殖季节能吸引生殖群体来到并进行繁殖的场所，称为产卵场（殷名称，1995）。

水体中某一区域在一定时期具备了某种鱼类的产卵条件，鱼类大批群集进行繁殖，这个区域即是这种鱼类的产卵场（叶富良，2002）。

产卵场（spawning ground）是指鱼虾贝等交配、产卵、孵化及育幼的水域，是水生生物生存和繁衍的重要场所，对渔业资源补充具有重要作用（水产辞典，2007）。

二、产卵类型

鱼类在长期自然演化过程中适应各种水体环境和生活方式，其产卵类型多样。根据鱼卵的特性、产卵环境和鱼卵发育特点，可将卵生鱼类的产卵习性大致分为以下几种生态类型。

（1）敞水性产卵类型。大多数鱼类属此类型，它们在水层中产卵，卵在水中悬浮流动状态下发育，多为浮性卵和漂流性卵。产漂流性卵的鱼类一般在江河中上游产卵，其产卵活动与洪水暴发、水位上涨有密切关系，如草鱼、鲢、鳊等鱼类，大部分海产硬骨鱼类也属此类型。

（2）草上产卵类型。主要是产黏性卵鱼类，卵一经产出即分散附着在水草茎叶上，如鲤亚科的鲤、鲫，鲶科的南方鲇等鱼类。

（3）石砾产卵类型。这类鱼有两种情况：一种是产沉性卵鱼类，如大麻哈鱼在河流石砾底部产卵；另一种是产黏性卵鱼类，如中华鲟、麦穗鱼等，卵黏附在砂砾、石块上孵化。

（4）喜贝性产卵类型。鳑鲏类是最典型的喜贝性产卵鱼类，雌鱼都有产卵管，将卵产在河蚌的鳃片内。生活在海边的一些虾虎鱼、鳚等也将卵产在贻贝、牡蛎的空壳内。

（5）营巢产卵类型。亲鱼在产卵前先筑巢，在巢中完成产卵行为，由亲体之一守护，并对巢进行修补和通气。营巢的材料多种多样，石砾、砂土、植物茎叶及自身产生的气泡均可筑巢。如乌鳢用植物碎片筑巢；斗鱼先在水面用口吞下空气，然后沉入水底，把空气呈泡沫吹出，外附黏液构成直径 5～10 cm 的浮巢；刺鱼将水草的根、茎及碎片搜集在一起，用肾脏分泌黏液使其胶合在一起，再喷少量的沙在巢底，巢的外观呈椭圆形，像一只沉在水中的鸟巢；而沙鳢则简单地利用各种沉水的掩体作为巢穴。

（6）体表产卵类型。受精卵挂附在亲鱼体表、皮肤、额前或口腔、鳃腔或孵卵囊内发育。如青鳉的受精卵依靠膜上长丝状物挂在母体生殖孔后发育；南美河川中的鳗尾鲇雌鱼腹部皮肤在产卵季节变得特别柔软，受精卵嵌入皮肤和亲鱼连成一体，待仔鱼孵出后，腹部恢复原状；罗非鱼类繁殖时，亲鱼用嘴和鳍条在浅水泥底挖坑成穴，在穴内产卵排精后，雌鱼将卵和精子吸入口内受精和孵化；雄性钩鱼前额有一状突起，将卵块挂在突起上孵化；海马雄鱼腹部皮肤褶连成一个“孵卵囊”，雌鱼将卵产在囊内发育。

三、产卵场特点和重要性

产卵场是鱼类生存和繁衍的重要场所，也是鱼类栖息地中重要而敏感的场所，对渔业资源的补充具有重要作用。特定的鱼类产卵场需具备该种鱼产卵所要求的环境条件。调查鱼类产卵场和繁殖所要求的环境条件，是划定禁渔区、水产种质资源保护区等保护鱼类资源措施的重要依据，并为鱼类的人工繁殖和鱼类生境的修复提供理论依据。

鱼类产卵场的位置是相对稳定的，但并非固定不变。一般对产卵条件要求越严格的鱼类，其产卵场范围也越受限制，也越容易受干扰。如长江中四大家鱼的产卵需要水温达到18℃以上，对江段的水深、流速、流量，特别是泡漩水都有要求，在繁殖季节其需要洄游至干支流数十个相对稳定的产卵场进行繁殖活动，这些产卵江段一般河床崎岖不平、水流湍急，形成或大或小的泡漩水，使四大家鱼所产的漂流性卵不会下沉，保证了卵的受精和孵化。三峡水库蓄水后，由于水流变缓，原分布在三峡库区江段中的产卵场均严重萎缩或消失。鲤、鲫等产黏性卵鱼类对产卵条件要求不那么严格，一般在江河、湖泊或水库中有微流水且分布有水生植物的浅水处都可以形成产卵场，因而其产卵场分布较广泛，但污水排放、清淤挖泥等人类活动也会对其产卵场造成严重危害。

第二节　长江中上游水域环境

一、地理特征

长江流域是指长江干流和支流流经的广大区域，横跨中国中部偏东地区，地理位置处在 90°33′—122°15′E，24°27′—35°54′N 范围内，流域面积约 180×10^4 km^2，约占中国陆地总面积的 1/5。长江干流全长 6 400 余千米，一般分为上、中、下游三段，上游从格拉丹冬雪山至宜昌，全长 4 511 km，流域面积达 100.5×10^4 km^2；中游从宜昌至湖口，全长 955 km，流域面积 64.5×10^4 km^2；下游从湖口至长江口，全长 938 km，流域面积 12×10^4 km^2。

1. 江源段

江源段位于青藏高原腹地，源自格拉丹冬雪山至直门达，平均海拔 4 500 m，全长

1 300 km（未包括雅砻江流域），流域面积 13.6×10^4 km^2。江源段的长江干流呈弓形，水系呈树枝状散开，江源上段为沱沱河，下段为通天河，主要支流有楚玛尔河、曲当河等。江源段河流主要来自冰雪补给，湿季河道宽广迂回，水流平缓；干季流量小，河流冰冻。

2. 金沙江段

金沙江段指直门达至宜宾段，全长 2 164 km，流域面积 36.9×10^4 km^2。河流自北往南途径横断山脉，东岸雀儿山，西岸宁静山，山顶与江面的落差达 1 000～1 500 m；自石鼓以下，江面渐窄，往东北进入虎跳峡，其中虎跳峡上下峡口落差达 220 m，山顶和江面落差超过 3 000 m。金沙江段的特点主要是山高水急，流域宽度不大，支流不甚发育，水网结构大致呈树枝状、“非”字形，重要支流有雅砻江、普渡河等。

3. 上川江段

上川江段指宜宾—重庆江段，干流长 384 km，流经四川盆地及丘陵地带，河床较开阔，水流平缓，因为受众多支流汇注而水量增大，河床起伏大，坡陡流急、流态紊乱，水位呈季节性规律变化，重要支流为横江、岷江、南广河、沱江、赤水河和嘉陵江等。

4. 三峡库区段

三峡库区段为原下川江段（重庆至宜昌江段）演变而来。三峡工程自 1994 年 12 月 14 日正式建设，1997 年 11 月实现大江截流，2003 年下闸蓄水，2010 年首次蓄水至 175 m 蓄水目标，实现蓄水 393 亿 m^3，2020 年三峡工程建设任务全面完成，正式运行。截流后，三峡库区原有超 600 km 自然流水生境演变为静水生境，水位消落最高达 40 m. 一年中生境变化较自然状态更为分明，水域面积广阔，重要支流有乌江、大宁河等。

5. 中游段

中游段为宜昌到湖口段，全长 955 km，流域面积 64.5×10^4 km^2。河流蜿蜒曲折，其中枝江至城陵矶又称荆江，有“九转回肠”之称，其直线距离仅 185 km，而河道却长达 420 km。中游是明显的河流泛滥平原生态系统地区，两岸湖泊、支流众多，主要通江湖泊为洞庭湖和鄱阳湖，重要支流有湘江、汉江和赣江。

二、水文情势

长江流域年降水量 723～1 134 mm，年平均气温 8.6～16.8 ℃，年径流量约 4 000 亿 m^3。受东亚季风、南亚季风以及青藏高原地形影响，气候和水文特性具有明显的季节变化。汛期 4—9 月集中了 80%的年降水量和 70%的年径流量，且多暴雨和洪涝灾害，枯季降水、径流比重较小。长江上游可分为金沙江、岷沱江、嘉陵江、乌江、长江上游干流区间五大子流域，径流量占上游总径流量的比例依次为 32.8%、22.7%、16.1%、11.3%、17.0%。1950—2015 年，长江石鼓水文站的年平均径流量为 359 亿 m^3、向家坝为 1 411 亿 m^3、寸滩为 3 485 亿 m^3、宜昌为 4 404 亿 m^3、汉口为 7 210 亿 m^3、大通为 9 064 亿 m^3。空间上，年平均径流量随着水流方向逐渐增加，以石鼓最低、大通最高（图 1－1）。

1. 上游

1950—2015 年，长江上游石鼓水文站的月平均流量为 1 135 m^3/s、向家坝为 4 455 m^3/s、寸滩为 10 997 m^3/s。空间上，流量随着水流方向逐渐增加，以石鼓最低、寸滩最高。时

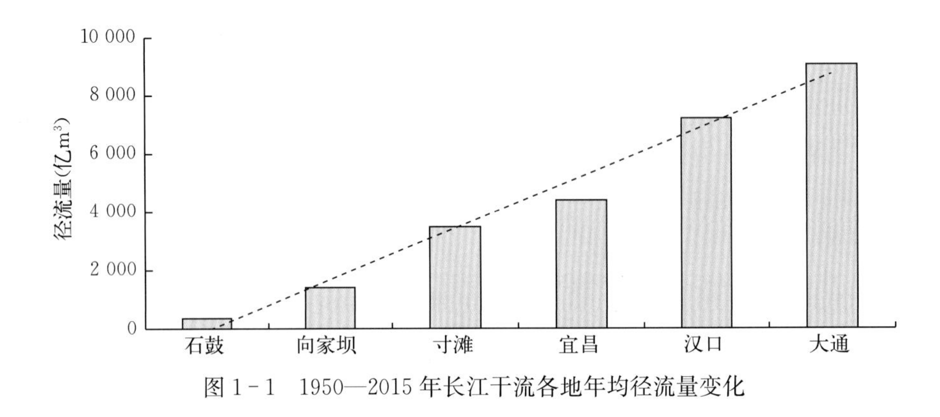

图 1-1 1950—2015 年长江干流各地年均径流量变化

间上，四个江段流量季节变化趋势一致，每年均为 2 月最低，之后逐渐上升，至 7 月达到最高峰，随后逐渐下降（图 1-2，表 1-1）。

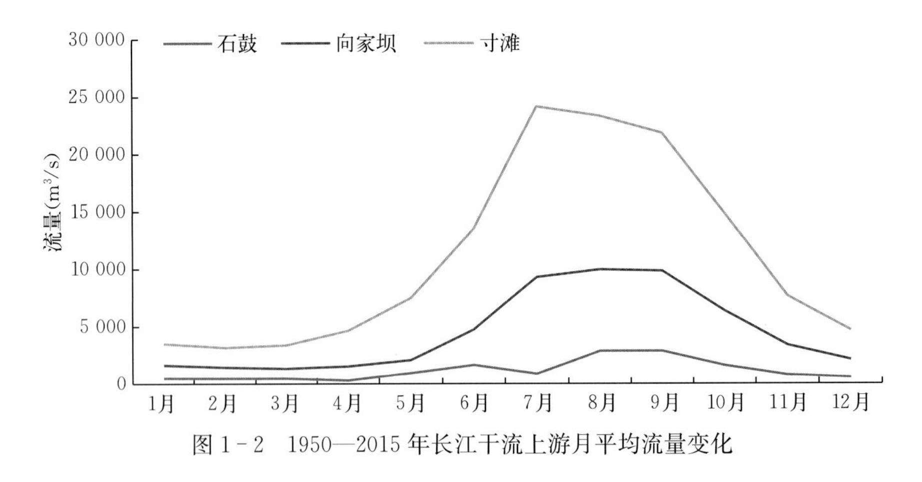

图 1-2 1950—2015 年长江干流上游月平均流量变化

表 1-1 1950—2015 年长江干流上游月平均流量变化

单位：m^3/s

月份	项目	江段			平均值
		石鼓	向家坝	寸滩	
1 月	月均流量	472	1 619	3 509	1 867
2 月	月均流量	456	1 440	3 170	1 689
3 月	月均流量	444	1 337	3 374	1 718
4 月	月均流量	283	1 510	4 625	2 139
5 月	月均流量	916	2 061	7 444	3 474
6 月	月均流量	1 627	4 718	13 503	6 616
7 月	月均流量	2 836	9 927	23 299	12 021
8 月	月均流量	2 844	9 797	21 805	11 482
9 月	月均流量	1 592	6 348	14 827	7 589
10 月	月均流量	743	3 347	7 623	3 904

（续）

月份	项目	江段			平均值
		石鼓	向家坝	寸滩	
11 月	月均流量	540	2 091	4 656	2 429
12 月	月均流量	1 135	4 283	10 377	5 265
平均值	月均流量	1 135	4 455	10 997	5 529

2. 中游

2011—2016 年，长江中游宜昌水文站的月平均流量为 12 858 m^3/s、螺山为 19 929 m^3/s、汉口为 21 924 m^3/s、九江为 22 433 m^3/s。空间上，流量随着水流方向逐渐增加，以宜昌最低、九江最高。时间上，四个江段流量季节变化趋势一致，每年均为 1—2 月最低，之后逐渐上升，至 7 月达到最高峰，随后逐渐下降（图 1－3，表 1－2）。

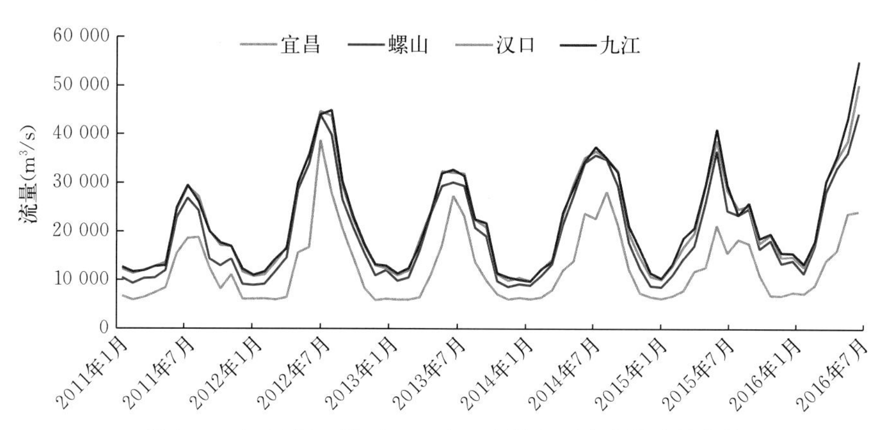

图 1－3　2011 年 1 月至 2016 年 7 月长江干流中游流量变化

表 1－2　2011—2016 年长江干流中游流量、水位月变化

单位：m^3/s，m

月份	项目	江段				平均值
		宜昌	螺山	汉口	九江	
1 月	流量	6 404	10 434	11 833	12 269	10 235
	水位	39.70	20.49	15.30	9.84	21.33
2 月	流量	6 259	9 933	11 300	11 708	9 800
	水位	39.59	20.22	14.90	9.45	21.04
3 月	流量	6 432	10 940	12 527	12 894	10 698
	水位	39.68	20.84	15.61	10.40	21.63
4 月	流量	7 452	14 271	16 084	16 155	13 491
	水位	40.20	22.37	17.07	11.63	22.82
5 月	流量	12 130	21 815	23 491	23 667	20 276
	水位	42.27	24.84	19.64	13.93	25.17

（续）

月份	项目	江段				平均值
		宜昌	螺山	汉口	九江	
6月	流量	15 335	28 762	31 163	31 134	26 599
	水位	43.53	27.20	22.23	16.59	27.39
7月	流量	25 543	34 617	36 403	37 482	33 511
	水位	46.87	28.83	23.75	17.73	29.30
8月	流量	22 026	32 973	36 312	37 416	32 182
	水位	45.93	28.56	23.56	17.41	28.87
9月	流量	18 644	23 966	26 279	26 266	23 789
	水位	44.65	25.83	20.76	14.48	26.43
10月	流量	14 270	21 332	23 605	24 094	20 825
	水位	42.98	24.85	19.81	13.63	25.32
11月	流量	9 901	14 780	16 464	17 094	14 560
	水位	41.28	22.54	17.32	11.27	23.10
12月	流量	6 390	11 841	13 654	14 374	11 565
	水位	39.65	21.23	16.18	10.71	21.94
平均值	流量	12 858	19 929	21 924	22 433	19 286
	水位	42.28	24.06	18.91	13.17	24.60

宜昌水文站的月平均水位为42.3 m、螺山为24.1 m、汉口为18.9 m、九江为13.2 m。空间上，水位随着水流方向逐渐降低，以宜昌最高、九江最低。时间上，四个江段水位季节变化趋势一致，每年均为1—2月最低，之后逐渐上升，至7月达到最高峰，随后逐渐下降（图1-4，表1-2）。

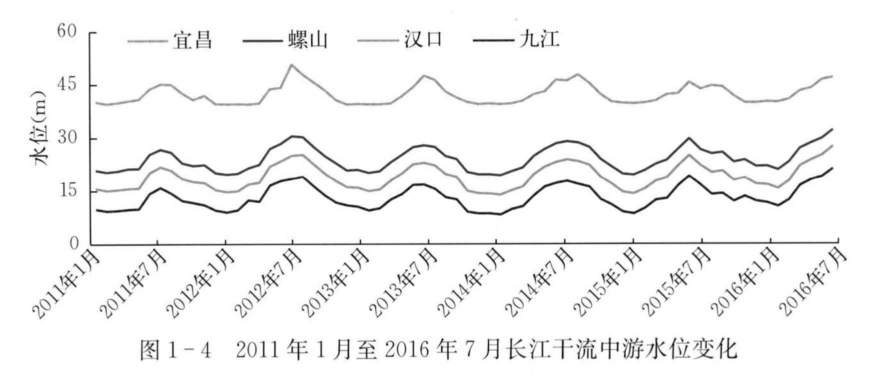

图1-4　2011年1月至2016年7月长江干流中游水位变化

三、水质

1. 总氮

总氮是水中有机氮和无机氮的总和，是用以反映水体富营养化的主要指标。2010—

2015 年度长江中上游河段总氮含量见图 1 - 5。由数据可见，长江中上游总氮含量较高，只有长江马珂段、长江三块石段和长江石首段低于地表水Ⅲ类水标准，其余各江段均超过了地表水Ⅲ类水标准，沱江简阳—资中段、沱江大驿坝水域、赤水河水域、长江宜昌段和湖口八百里江段甚至超过地表水Ⅴ类水标准。

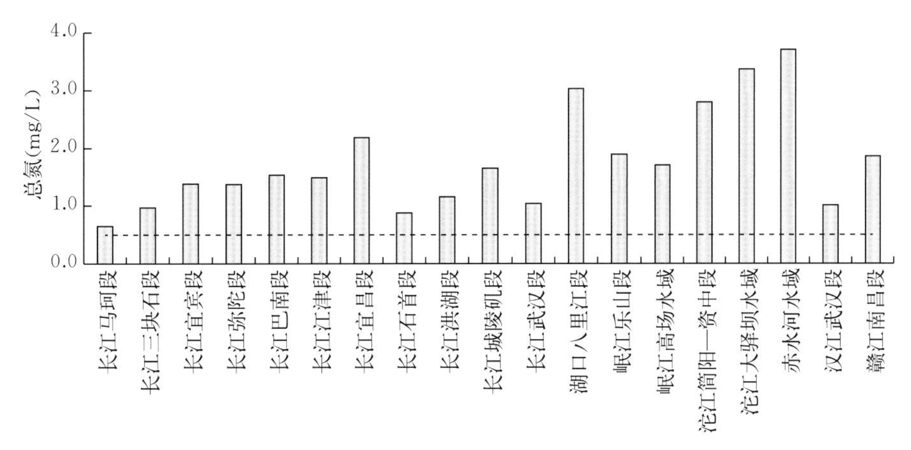

图 1 - 5　2010—2015 年度长江中上游河段总氮含量

长江干流的总氮含量以湖口八百里江段最高、长江马珂段最低，上游干流的总氮含量呈越靠近中游越高的趋势，中游长江石首段到长江城陵矶段呈稳步上升的趋势，坝下的长江宜昌段和洞庭湖湖口的长江城陵矶段的总氮含量比邻近的江段高；支流的总氮含量以赤水河流域最高、汉江武汉段最低，上游支流的总氮含量普遍比干流的高。

2. 总磷

总磷是水中各种形态的磷经消解后转变成正磷酸盐的测定结果，是反映水体富营养化的一项指标。2010—2015 年度长江中上游河段总磷含量见图 1 - 6。由数据可见，除岷江乐山段总磷含量达到地表水Ⅴ类水标准外，其他水域总磷含量均达到地表水Ⅳ类水标准，长江马珂段、长江三块石段、长江巴南段、赤水河水域、长江江津段、长江石首段、汉江武汉段和赣江南昌段总磷含量达到了地表水Ⅱ类水标准。

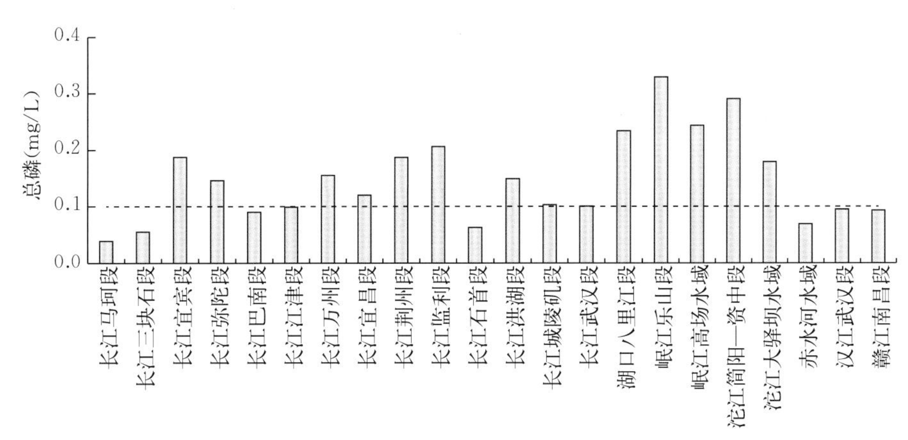

图 1 - 6　2010—2015 年度长江中上游河段总磷含量

长江干流的总磷含量以湖口八百里江段最高、长江马珂段最低，长江宜宾段、长江万州段和长江监利段的总磷含量比邻近的江段都高；支流总磷含量以岷江乐山段最高、赤水河流域最低。

3. 非离子氨

非离子氨对水生生物有较强的毒害作用，根据《渔业水质标准》(GB 11607—1989)，非离子氨在渔业水域中的含量应不超过 0.02 mg/L。根据图 1-7，2010—2015 年长江干流长江三块石段、长江宜宾段、长江弥陀段、长江巴南段、长江江津段、长江万州段、长江武汉段和湖口八百里江段的非离子氨含量均未超过 0.02 mg/L；支流中岷江高场水域、沱江大驿坝水域、汉江武汉段和赣江南昌段的非离子氨含量均未超过 0.02 mg/L。

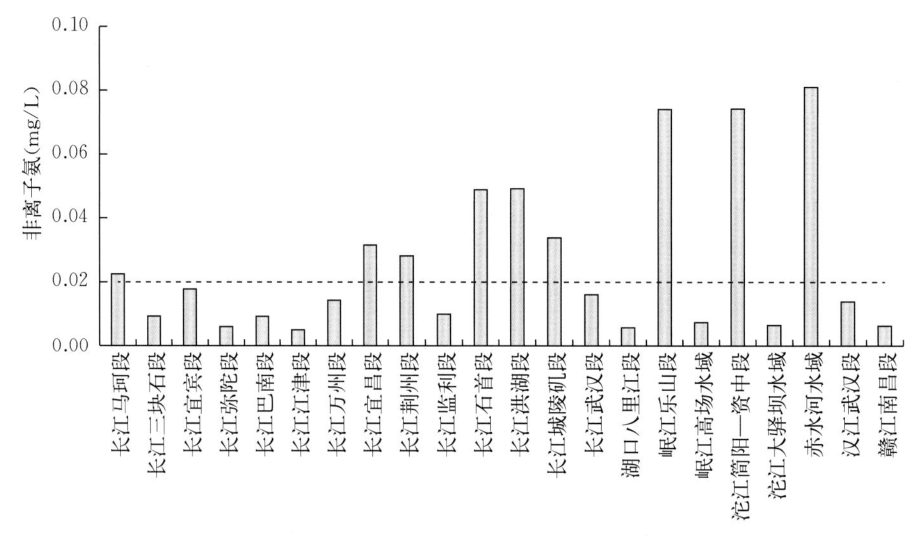

图 1-7　2010—2015 年度长江中上游河段非离子氨含量

长江干流非离子氨含量以长江石首段和长江洪湖段最高，以长江江津段最低，干流上游非离子氨含量普遍较低，除长江马珂段未达标外，其他江段均符合渔业水质标准；长江支流非离子氨含量以赤水河流域最高、赣江南昌段最低，单条支流的非离子氨含量上游要高于下游。

4. 高锰酸钾盐指数

高锰酸钾盐指数测得的是水体的化学需氧量，是反映水体中有机和无机可氧化物质污染的指标。根据图 1-8，2010—2015 年长江中上游干流、支流中的高锰酸钾盐指数均符合地表水Ⅱ类水标准。

长江干流高锰酸钾盐指数以长江石首段最高，长江三块石段最低，干流中游的高锰酸钾盐指数普遍高于上游；长江支流高锰酸钾盐指数以汉江武汉段最高，赤水河水域最低，同一支流中上游的高锰酸钾盐指数高于下游。

5. 石油类

石油类是检验水体是否被油类污染的指标。根据图 1-9，2010—2015 年长江中上游干流和支流中，仅岷江高场水域和赤水河水域不符合地表水Ⅱ类水标准，但均符合地表水Ⅲ类水标准。

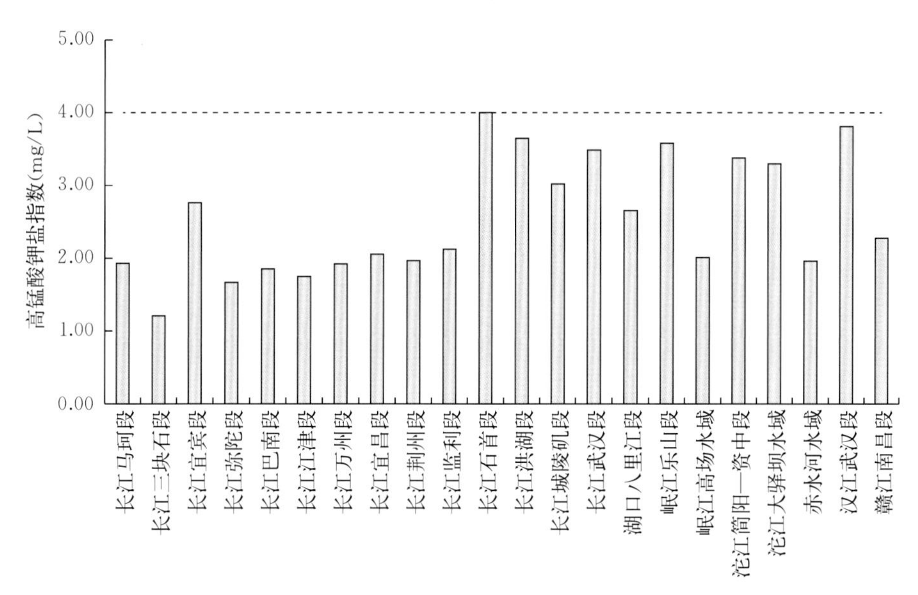

图 1－8　2010—2015 年度长江中上游河段高锰酸钾盐指数

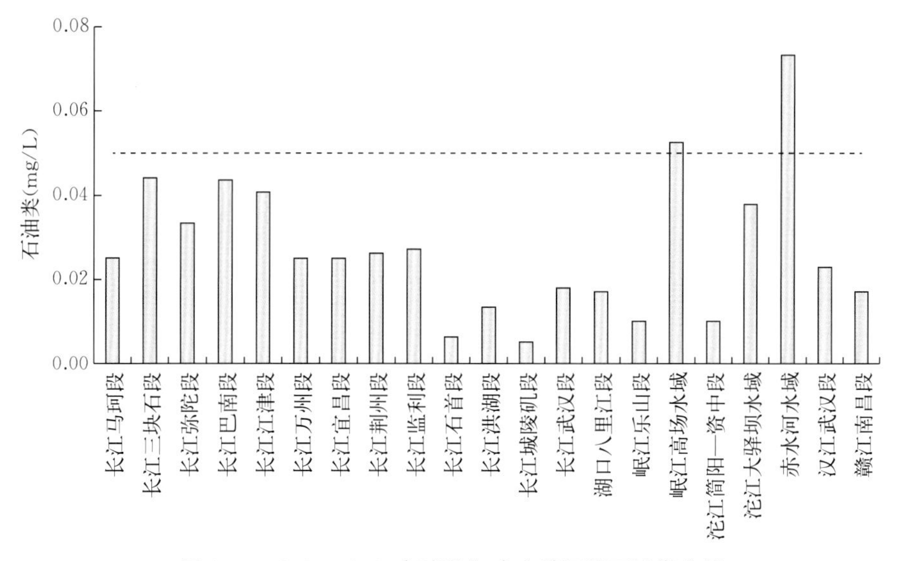

图 1－9　2010—2015 年度长江中上游河段石油类含量

长江干流石油类含量以长江三块石段和长江巴南段最高、长江城陵矶段最低，上游石油类含量普遍高于中游；长江支流以赤水河水域最高，岷江乐山段和沱江简阳—资中段最低，上游支流的石油类含量普遍高于中游。

6. 挥发性酚

酚类为原生质毒，属于高毒物质。根据图 1－10，2010—2015 年长江中上游干流、支流各江段挥发性酚含量大部分符合地表水Ⅱ类水标准，长江三块石段、长江巴南段、长江江津段、长江洪湖段、岷江高场水域和沱江大驿坝水域符合地表水Ⅲ类水标准。

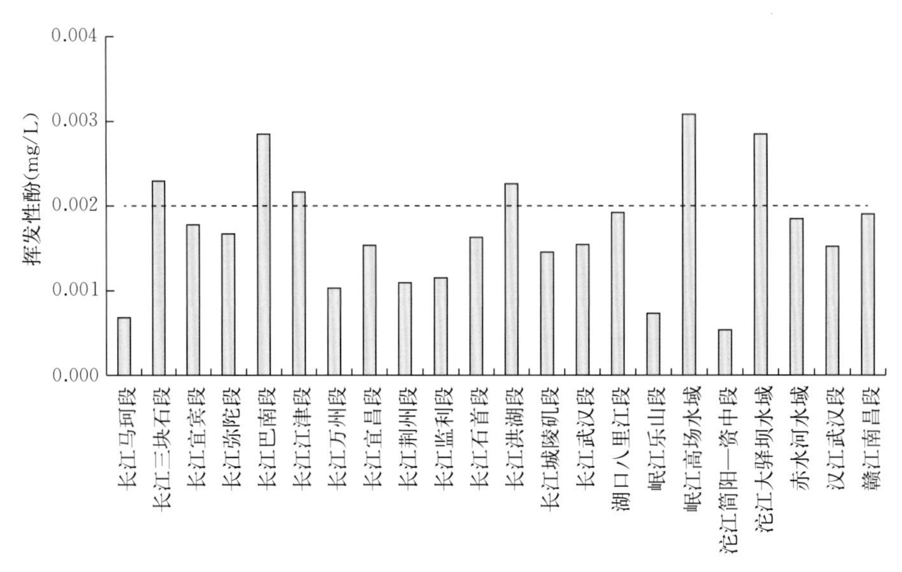

图 1-10　2010—2015 年度长江中上游河段挥发性酚含量

长江干流中挥发性酚含量以长江巴南段最高，长江马珂段最低；长江支流中挥发性酚含量以岷江高场水域最高，沱江简阳—资中段最低，同一支流中，上游的挥发性酚含量远远小于下游的含量。

第三节　长江中上游鱼类产卵场历史状况

一、四大家鱼

（一）干流

1. 20 世纪 60 年代

20 世纪 60 年代，长江干流重庆至彭泽 1 695 km 江段分布有四大家鱼产卵场 36 处，产卵场江段累计长度 707 km，1964—1965 年，年均产卵总规模约 1 184 亿粒。

长江上游分布有重庆、木洞、涪陵、忠县、万县、云阳、巫山、秭归和宜昌 9 处四大家鱼产卵场，累计长度 238 km，其中以宜昌产卵场延伸里程最大，为 46 km；长江中游分布有虎牙滩、枝城、江口、荆州、郝穴、石首、新码头、新洨口、监利、下车湾、尺八口、白螺矶、洪湖、陆溪口、嘉鱼、燕窝、牌洲、大嘴、白浒山、团风、鄂城、黄石、蕲州、富池口和九江 25 处四大家鱼产卵场，累计长度 442 km，其中以黄石产卵场延伸里程最大，为 37 km；长江下游分布有湖口、彭泽 2 个产卵场，累计长度 27 km。

1964—1965 年，长江上游产卵场年均产卵规模 269 亿粒，占干流总规模的 22.7%，产卵规模以宜昌产卵场最大，为 80 亿粒；长江中游产卵场年均产卵规模 905 亿粒，占干流总规模的 76.4%，产卵规模以黄石产卵场最大，为 68 亿粒；长江下游产卵场年均产卵规模 10 亿粒，占干流总规模的 0.9%（表 1-3）。

表 1-3 1964—1965 年长江干流四大家鱼产卵场的分布和规模

序号	产卵场名称	延伸范围	延伸里程（km）	产卵规模			
				1964 年		1965 年	
				产卵量（万粒）	占比（%）	产卵量（万粒）	占比（%）
1	重庆	巴县—重庆	30	193 080	1.79	474 124	3.97
2	木洞	木洞—洛碛	20	128 112	1.19	103 802	0.80
3	涪陵	涪陵—珍溪镇	25	191 250	1.78	363 430	2.81
4	忠县	忠县—西沱镇	35	242 130	2.25	249 072	1.93
5	万县	万县—周溪场	18	121 065	1.13	258 251	2.00
6	云阳	云阳—故陵	20	121 065	1.13	330 458	2.56
7	巫山	巫山—楠木园	38	208 589	1.94	219 921	1.70
8	秭归	泄滩—秭归	6	240 539	2.23	323 160	2.52
9	宜昌	三斗坪—十里红	46	774 029	7.19	834 670	6.46
10	虎牙滩	仙人桥—虎牙滩	3	351 381	3.26	329 715	2.55
11	枝城	枝城—董市	30	162 786	1.51	345 715	2.68
12	江口	江口—涴市	25	573 658	5.33	417 566	3.23
13	荆州	荆州—公安	35	347 437	3.23	289 700	2.24
14	郝穴	郝穴—新厂	15	438 736	4.08	244 268	1.89
15	石首	藕池口—石首	16	635 135	5.91	488 537	3.78
16	新码头	新码头—刘河口	22	499 758	4.64	623 513	4.83
17	新浃口	新浃口—塔市驿	21	378 543	3.52	417 171	3.23
18	监利	监利—陈家码头	13	239 160	2.22	675 477	5.23
19	下车湾	下车湾—砖桥	16	212 520	1.97	398 469	3.09
20	尺八口	反咀—观音洲	35	302 040	2.81	571 186	4.42
21	白螺矶	城陵矶—龙头山	21	302 040	2.81	509 988	3.95
22	洪湖	洪湖—叶家洲	7	348 475	3.24	382 491	2.96
23	陆溪口	赤壁—陆溪口	7	320 100	2.97	127 497	0.99
24	嘉鱼	嘉鱼岩—嘉鱼夹	16	348 475	3.24	254 995	1.98
25	燕窝	燕窝—汉金关	5	232 938	2.16	396 016	3.07
26	牌洲	牌洲—洪水口	14	420 480	3.91	594 023	4.60
27	大嘴	邓家口—大嘴	7	210 240	1.95	198 008	1.53
28	白浒山	青山—葛店	29	420 480	3.91	792 032	6.13
29	团风	芭蕉湾—三江口	14	397 800	3.70	333 591	2.58
30	鄂城	樊口—龙王矶	11	225 240	2.09	412 794	3.20
31	黄石	兰溪—岚头矶	37	723 000	6.72	637 289	4.94
32	蕲州	挂河口—笔架山	7	112 620	1.05	79 203	0.61

（续）

序号	产卵场名称	延伸范围	延伸里程（km）	产卵规模			
				1964年		1965年	
				产卵量（万粒）	占比（%）	产卵量（万粒）	占比（%）
33	富池口	富池口—下巢湖	6	112 620	1.05	79 203	0.61
34	九江	赤湖—白水湖	30	112 620	1.05	79 203	0.61
35	湖口	湖口—八里江	5	56 310	0.52	39 602	0.31
36	彭泽	中夹口—小孤山	22	56 310	0.52	39 602	0.31
合计			707	10 760 661	100.00	12 913 742	100.00

2. 20世纪80年代

1981年，长江干流重庆至武穴1 520 km江段共分布有四大家鱼产卵场24处，产卵总规模173亿粒。

长江上游分布有重庆、木洞、涪陵、高家镇、忠县、大丹溪、云阳、奉节、巫山、秭归和宜昌坝上11个四大家鱼产卵场，其中以云阳产卵场延伸里程最大，为60 km；长江中游分布有宜昌坝下、白洋、枝城、江口、荆州、新厂、石首、监利、螺山、嘉鱼、新滩口、鄂城和道士袱13个四大家鱼产卵场，其中以监利产卵场延伸里程最大，为70 km。

长江上游产卵场产卵规模63亿粒，占干流总规模的36.3%，产卵规模以巫山产卵场最大，为47亿粒；长江中游产卵场产卵规模110亿粒，占干流总规模的63.7%，产卵规模以江口产卵场最大，为21亿粒（表1-4）。

表1-4 1981年长江干流四大家鱼产卵场的分布和规模

序号	产卵场名称	延伸范围	延伸里程（km）	产卵量（万粒）	占比（%）
1	重庆	重庆及以上		3 718.0	0.21
2	木洞	木洞上下		16 952.6	0.98
3	涪陵	涪陵上下		22 108.7	1.28
4	高家镇	高家镇上下		11 210.7	0.65
5	忠县	西沱—忠县	47	34 075.5	1.96
6	大丹溪	大丹溪上—小丹溪下	10	66 375.7	3.83
7	云阳	小江—云阳下	60	87 659.5	5.05
8	奉节	安坪—奉节上	21	31 521.9	1.82
9	巫山	碚石上—奉节下	47	171 041.5	9.86
10	秭归	巴东下—太平溪	40	135 412.4	7.81
11	宜昌坝上	三斗坪—南津关	35	50 160.0	2.89
12	宜昌坝下	葛洲坝下—宜昌上	40	111 371.1	6.42
13	白洋	宜昌—枝城上	16	74 399.0	4.29
14	枝城	枝城—枝江	33	102 393.0	5.90

（续）

序号	产卵场名称	延伸范围	延伸里程（km）	产卵量（万粒）	占比（%）
15	江口	江口—苑市	23	205 637.0	11.85
16	荆州	荆州—公安	53	203 224.0	11.72
17	新厂	新厂上下	25	174 896.0	10.08
18	石首	石首—调关	21	86 983.0	5.01
19	监利	塔市驿—尺八口	70	75 166.8	4.33
20	螺山	新堤—城陵矶下	40	50 804.0	2.93
21	嘉鱼	复兴洲附近	5	13 286.0	0.77
22	新滩口	洪水口—簰洲	13	5 733.0	0.33
23	鄂城	鄂城上下		255.0	0.01
24	道士袱	道士袱上下		288.1	0.02
		合　计		1 734 672.5	100.00

与20世纪60年代调查结果相比，长江干流四大家鱼产卵场的分布范围基本相符，但产卵规模明显缩小，仅约为原来的15%。宜昌以上江段的产卵场仍然全部存在，新发现高家镇和奉节两处产卵场；原宜昌产卵场被葛洲坝分隔为坝上和坝下2个产卵场，南津关至大坝江段的产卵场消失；宜昌以下江段中，新发现白洋产卵场，但陆溪口、燕窝、大咀、白浒山、团风、蕲州、富池口等产卵场消失。

1986年，长江干流重庆至武穴江段分布有四大家鱼产卵场30处，产卵场江段累计长度512 km。

长江上游分布有重庆、木洞、长寿、涪陵、高家镇、忠县、万县、云阳、巫山、秭归和三斗坪11个四大家鱼产卵场，其中以云阳产卵场延伸里程最大，为38 km；长江中游分布有宜昌、虎牙滩、宜昌、枝江、江口、荆州、郝穴、石首、调关、监利和反咀11个产卵场，其中以黄石产卵场延伸里程最大，为31 km。

长江上游产卵场产卵规模占干流总规模的29.6%，其中以忠县产卵场的规模最大，占6.0%；长江中游产卵场产卵规模占干流总规模的42.7%，以宜昌产卵场的规模最大，占14.7%（表1-5）。

与1981年调查结果相比，葛洲坝枢纽兴建后，四大家鱼产卵场的分布范围没有发生明显变化。因葛洲坝蓄水后水文条件的改变，宜昌坝上产卵场规模大幅度缩减；由于四大家鱼亲鱼多集中在葛洲坝下不远的江段产卵，宜昌坝下、虎牙滩产卵场规模显著增大，成为干流最重要的产卵场。

表1-5　1986年长江干流四大家鱼产卵场的分布和规模

序号	产卵场名称	延伸范围	延伸里程（km）	占比（%）
1	重庆	寸滩—唐家沱	10	1.2
2	木洞	木洞—洛碛	18	2.4

（续）

序号	产卵场名称	延伸范围	延伸里程（km）	占比（%）
3	长寿	镇安镇—蔺市镇	8	2.0
4	涪陵	珍溪镇—立市镇	15	2.6
5	高家镇	高家镇—洋渡溪	18	4.0
6	忠县	忠县—西沱镇	25	6.0
7	万县	大舟—小舟	10	4.1
8	云阳	云阳—故陵—安坪	38	3.7
9	巫山	涪石—楠木园	14	2.4
10	秭归	泄滩—青滩	20	0.5
11	三斗坪	太平溪—石牌	30	0.7
12	宜昌	十里红—烟收坝	8	14.7
13	虎牙滩	仙人桥—虎牙滩	3	11.0
14	宜昌	云池—宜昌	7	0.5
15	枝江	洋溪镇—枝江	29	1.8
16	江口	江口—涴市	25	3.1
17	荆州	虎渡河口—荆州	12	1.8
18	郝穴	郝穴—新厂	15	2.7
19	石首	藕池口—石首	10	1.1
20	调关	碾子湾—调关	22	2.9
21	监利	塔市驿—老河下口	25	1.1
22	反咀	盐船套—荆江门	8	2.0
23	螺山	白螺矶—螺山	19	1.9
24	嘉鱼	陆溪口—嘉鱼	23	1.4
25	牌洲	甲东岭—新滩口	13	2.2
26	大咀	大咀—纱帽山	14	1.1
27	白浒山	阳逻—葛店	15	1.6
28	团风	团风—两河口	6	4.6
29	黄石	巴河口—道士袱	31	6.9
30	田家镇	蕲州—半边山	21	8.0
合计			512	100.0

3. 21 世纪初

2010—2012年，长江上游重庆以上江段分布有白沙镇、朱杨镇、榕山镇、合江县、弥陀镇、泸州市、大渡口红安县和南溪县（2011年撤销南溪县，设立南溪区）8个四大家鱼产卵场，产卵场年均总产卵规模3.36亿粒，年均产卵规模以榕山镇产卵场最大，为0.66亿粒（表1-6）。

表 1-6　2010—2012 年长江上游重庆以上江段四大家鱼产卵场的分布和规模

序号	产卵场名称	产卵量（亿粒）				占比（%）
		2010 年	2011 年	2012 年	年均	
1	白沙镇	0.32	1.01	0.37	0.57	16.9
2	朱杨镇	0.35	0.11	0.00	0.15	4.6
3	榕山镇	0.52	0.00	1.47	0.66	19.7
4	合江县	0.60	1.26	0.00	0.62	18.5
5	弥陀镇	0.32	0.66	0.18	0.39	11.5
6	泸州市	0.80	0.52	0.12	0.48	14.3
7	江安县	0.08	0.73	0.00	0.27	8.0
8	南溪县	0.08	0.33	0.25	0.22	6.5
合计		3.07	4.62	2.39	3.36	100.0

2003—2006 年，长江中游宜昌至城陵矶江段分布有宜昌、宜昌、枝江、江口、荆州、郝穴、石首、调关、监利和反咀 10 个四大家鱼产卵场，产卵场江段累计长度 232 km，其中以调关产卵场延伸里程最大，为 43 km（表 1-7）。宜昌至城陵矶江段四大家鱼产卵规模合计 10.8 亿粒。与 20 世纪 80 年代相比较，四大家鱼产卵场在宜昌至城陵矶江段的地理分布范围无明显变化，但产卵规模明显缩小，仅约为原来的 10%。

表 1-7　2003—2006 年长江中游宜昌至城陵矶江段四大家鱼产卵场的分布

序号	产卵场名称	延伸范围	延伸里程（km）
1	宜昌	十里红—古老背	24
2	宜昌	云池—宜昌	10
3	枝江	洋溪—枝江	29
4	江口	江口—涴市	25
5	荆州	虎渡河—观音寺	27
6	郝穴	马家寨—新厂	28
7	石首	藕池河口—石首	15
8	调关	莱家铺—调关	43
9	监利	塔市驿—沙家边	25
10	反咀	盐船套—荆江门	6
合　计			232

（二）支流

1. 汉江

（1）20 世纪 70 年代：20 世纪 70 年代调查表明，汉江干流分布有四大家鱼产卵场 15 处，累计产卵场绵延距离 330.5 km，累计产卵量 1 683 057 万粒。汉江上游分布有漩涡、洞河镇、安康、蜀河镇、夹河镇、白河、天河口、前房和肖家湾9个四大家鱼产卵场，以前房产卵场规模最大。汉江中游分布有王富洲、茨河、襄樊、宜城、钟祥和马良6个四大家鱼产卵场，以钟祥产卵场规模最大（表1-8）。

表1-8　20世纪70年代汉江四大家鱼产卵场的分布和规模

序号	产卵场名称	延伸范围	延伸距离（km）	产卵量（万粒）	占比（%）
1	漩涡	汉阳坪—漩涡	11	3 842	0.23
2	洞河镇	洞河—临河	16	295	0.02
3	安康	火石崖—安康	20.5	107 518	6.39
4	蜀河镇	展河源—界牌石	16.5	182 812	10.86
5	夹河镇	冷水河口—夹河镇	25.5	55 614	3.30
6	白河	白河镇—将军河口	16	54 854	3.26
7	天河口	天河口—晏家棚	7.5	126 769	7.53
8	前房	塔峪滩—崔家河	13	1 101 260	65.43
9	肖家湾	刘家湾—油坊沟	5.5	3 015	0.18
10	王富洲	光化—谷城	18		
11	茨河	洄流湾—茨河	22.5	14 113	0.84
12	襄樊	牛首—襄樊	22.5		
13	宜城	宜城—关家山	41.5	4 705	0.28
14	钟祥	碾盘山—塘港	43	14 479	0.86
15	马良	马良—姚集	21.5	13 781	0.82
合　计			330.5	1 683 057	100.00

（2）2004年：根据2004年调查结果，汉江中游江段分布有茨河、宜城、关家山、钟祥和马良5处四大家鱼产卵场，产卵场累计绵延距离120 km，产卵场累计产卵量为9 330万粒（表1-9）。与1976年汉江中游四大家鱼产卵场监测结果相比较，王富洲和襄樊2个产卵场消失。

表1-9　2004年汉江四大家鱼产卵场的分布和规模

江段	序号	产卵场名称	延伸范围	延伸距离（km）	产卵量（万粒）
汉江中游	1	茨河	洄流湾—茨河	22.5	2 840
	2	宜城	小河—宜城	21	1 058
	3	关家山	流水—关家山	12	599
	4	钟祥	碾盘山—唐港	43	1 424
	5	马良	马良—姚集	21.5	3 409
合　计				120	9 330

2. 赣江

根据历史资料记载，赣江分布有赣州、望前滩、良口滩、万安、百嘉下、泰和、沿溪渡、吉水、小港、峡江、新干和三湖12个四大家鱼产卵场。由于梯级水利枢纽的开发，四大家鱼产卵场数量和规模大幅度减少。在万安水利枢纽运行后，处于淹没区的望前滩、良口滩和万安3个产卵场消失，处于淹没区尾端的赣州产卵场还具备一定的产卵条件，处于下游的其他8个产卵场均受到不同程度影响。在峡江水利枢纽运行后，处于淹没区内的吉水、小港、峡江等3个产卵场消失，处于下游的新干、三湖等产卵场规模大幅度萎缩。据2009年调查结果，吉水、小港产卵场仍有一定的产卵规模，但规模已经大幅度减少（表1-10）。

表1-10　2009年赣江四大家鱼产卵场的分布和规模

江段	历史产卵场		产卵场变化情况
	序号	名称	
赣江中下游江段	1	赣州	规模减小
	2	望前滩	消失
	3	良口滩	消失
	4	万安	消失
	5	百嘉下	消失
	6	泰和	消失
	7	沿溪渡	消失
	8	吉水	规模减小
	9	小港	规模减小
	10	峡江	消失
	11	新干	规模减小
	12	三湖	规模减小

3. 湘江

根据2010年调查结果，湘江祁阳至衡南江段分布有松江、柏坊和大堡3个四大家鱼产卵场，产卵场累计产卵规模为887.04万粒，累计绵延距离26 km，以大堡产卵场产卵的规模最大（表1-11）。

表1-11　2010年湘江四大家鱼产卵场的分布和规模

江段	序号	产卵场名称	产卵量（万粒）	占比（%）	延伸距离（km）
祁阳—衡南	1	松江	207.64	23.4	26
	2	柏坊	209.55	23.6	
	3	大堡	469.85	53.0	
合　计			887.04	100.0	26

二、长薄鳅

2007—2008年调查显示，金沙江攀枝花江段，在距离金沙滩上游10.9～246.6 km江段有长薄鳅的产卵场分布，长薄鳅主要集中在金沙滩上游 29.0～90.7 km 的江段和 97.9～179.8 km 的江段产卵。2008 年 5 月金沙江中游江段长薄鳅繁殖量为 243 万粒，6 月为 2 760 万粒。岷江宜宾江段，在岷江上游 15.2～325.7 km 江段有长薄鳅的产卵场分布，长薄鳅主要集中在 60.5～276.1 km 的江段产卵。岷江中上游长薄鳅繁殖量为3 210 万粒。

2010—2012 年，长江干流江津江段以上 300 km 广泛分布着产漂流性卵鱼类产卵场，其中鳅科鱼类产卵场集中在羊石镇至弥沱镇江段。长江江津江段以上 300 km 江段分布有朱杨镇、羊石镇、榕山镇、合江县、弥陀镇、泸州市和江安县 7 个长薄鳅产卵场。2010—2012 年通过长江上游江津江段的长薄鳅产卵量分别为 0.29×10^8 粒、0.99×10^8 粒和 0.58×10^8 粒（表 1-12）。

表 1-12　2010—2012 年长薄鳅江津断面以上主要产卵场位置及产卵规模

产卵场	距离江津（km）	产卵量（$\times10^8$ 粒）		
		2010 年	2011 年	2012 年
朱杨镇	58.8	0.08		
羊石镇	84.9			0.16
榕山镇	92.8		0.5	
合江县	103.1	0.13	0.58	1.98
弥陀镇	131.8	0.04	0.66	
泸州市	170.0	0.04		
江安县	228.7		0.33	
合　计		0.29	0.99	0.58

三、圆口铜鱼

2008—2011 年，金沙江下游巧家至宜宾江段共分布有圆口铜鱼产卵场 3 个：屏山产卵场、新市产卵场和溪洛渡坝址下游的佛滩产卵场（图 1-11），这 3 个产卵场规模很小，并在 2012 年以后消失。

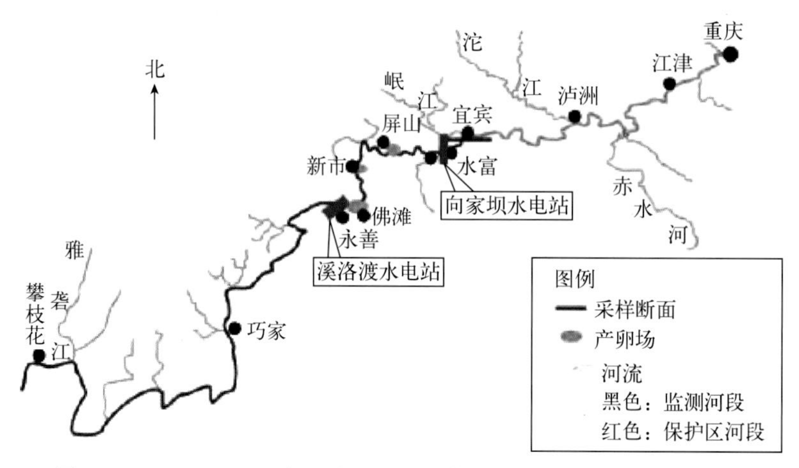

图 1-11　2008—2011 年金沙江下游巧家至宜宾江段圆口铜鱼产卵场

圆口铜鱼产卵场主要分布于金沙江下游和雅砻江下游。向家坝截流后，金沙江下游圆口铜鱼产卵场完全消失，仅在金沙江攀枝花江段和雅砻江下游还残存部分产卵场。2013年溪洛渡水电站和官地水电站建成后，随着白鹤滩和乌东德水电站的相继截流蓄水，这些残存的产卵场也将消失殆尽。从2015年开始，已经连续3年未监测到圆口铜鱼产卵。可以基本断定，圆口铜鱼历史产卵场已经基本消失。

四、铜鱼

（一）干流

1. 20世纪60—70年代

1962年、1964年、1965年和1973年的调查发现，长江干流宜昌以上江段分布有宜昌、太平溪、香溪、桂花、楠木圆、黛溪、云阳、万县、忠县、涪陵和木洞11个铜鱼产卵场，江段累计长度232 km，其中以忠县产卵场延伸里程最大，为52 km（表1-13）。

表1-13　1962年、1964年、1965年和1973年长江干流宜昌以上江段铜鱼产卵场的分布

序号	产卵场名称	延伸范围	延伸里程（km）
1	宜昌	三斗坪—黄猫	31.5
2	太平溪	周家沱—太平溪	7.5
3	香溪	莲沱—新滩	9.5
4	桂花	黄猫岭—石门	10
5	楠木圆	培石—火焰石	18.5
6	黛溪	黛溪—饮水观	14
7	云阳	盘石—故陵	18
8	万县	关刀碛—舟溪场	30
9	忠县	丰都—忠县	52
10	涪陵	李渡镇—涪陵	11
11	木洞	鱼咀镇—洛碛	30

2. 1986年

根据1986年调查结果，宜昌江段分布有巫山、巴东、香溪、庙河、莲沱、南津关和十里红7处铜鱼产卵场，其中以莲沱产卵场产卵规模最大，占比为58.47%（表1-14）。

表 1－14　1986 年巫山至十里红江段铜鱼产卵场的分布和相对规模

江段	产卵场			与上产卵场距离（km）	占比（%）
	名称	延伸范围	延伸距离（km）		
巫山至南津关	巫山	巫山—碚石	23.3		1.01
	巴东	楠木圆—泄滩	40.7	16	2.65
	香溪	秭归—新滩下 9 km	22.3	8	10.9
	庙河	庙河下 2.8 km—三斗坪	13.7	3.8	13.84
	莲沱	黄陵庙上 4.5 km—平善坝下 4 km	30.5	2.2	58.47
	南津关	南津关下 3 km 左右	3	3	10.81
葛洲坝至十里红	十里红	葛洲坝—十里红下 6 km	11		1.74
非产卵江段					0.57

3. 21 世纪初

根据 2008 年的调查，长江上游分布的铜鱼产卵场有 3 个，产卵规模在 1.0×10^9 枚左右：第一处在珞璜镇上游 89～134 km，即重庆市朱沱镇—四川省合江市范围内，长度为 45 km；第二处在珞璜镇上游 160～228 km，即四川省弥陀镇—四川省纳溪镇范围内，长度为 68 km；第三处散布在珞璜镇上游 258～307 km，即四川省江安县—四川省南溪镇范围内，长度为 49 km（图 1－12）。

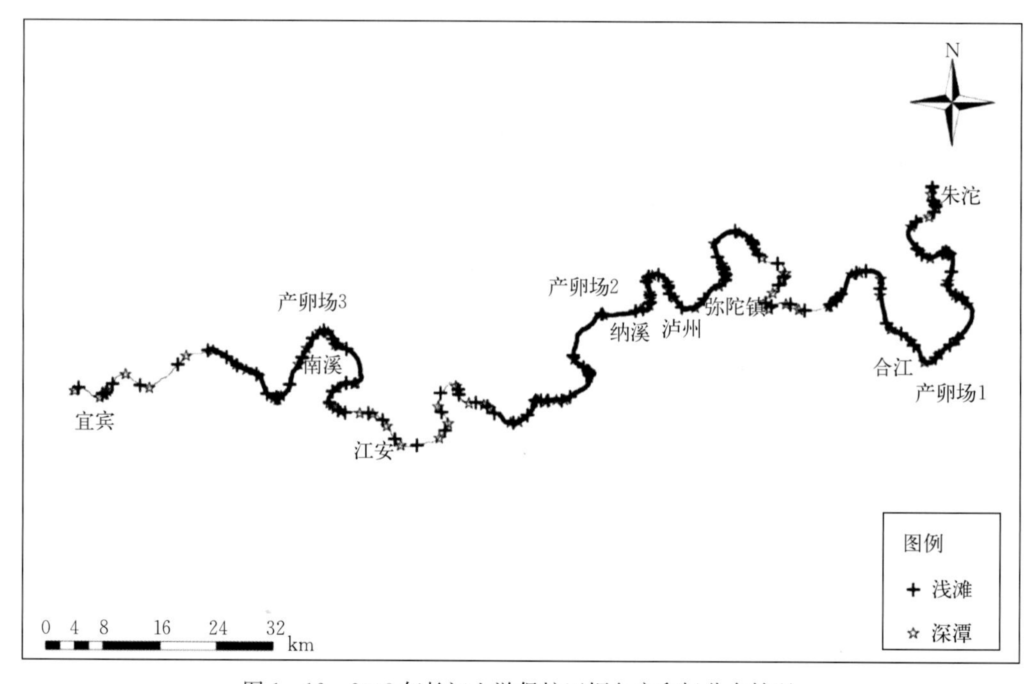

图 1－12　2008 年长江上游保护区铜鱼产卵场分布情况

2011—2014 年，长江上游江津江段，铜鱼产卵场主要分布在油溪—龙华、石门—江津白沙、羊石—朱杨、合江—榕山、兆雅—弥沱、泸州—黄舣 6 个江段，不同年份，产卵场的位置有所差异，但主要分布在羊石至江津白沙及兆雅至榕山 2 个江段区间。该江段 4 年产卵量占产卵总量的 56.96%。2011—2014 年江津江段铜鱼卵苗平均年总径流量为 22.45×10^{7} 尾。2013 年和 2014 年铜鱼卵苗总径流量低于 2011 年和 2012 年，其中 2013 年江津断面铜鱼卵苗总径流量最低（表 1-15）。

表 1-15　2011—2014 年铜鱼江津江段主要产卵场位置及产卵规模

产卵场范围	2011 年		2012 年		2013 年		2014 年	
	漂流距离（km）	产卵量（$\times10^{4}$ 个）	漂流距离（km）	产卵量（$\times10^{4}$ 个）	漂流距离（km）	产卵量（$\times10^{4}$ 个）	漂流距离（km）	产卵量（$\times10^{4}$ 个）
油溪—龙华	15～13	1 467		17.5～13	357		21～17	267
石门—江津白沙			48～38	2 464	51～42	871		
羊石—朱杨	82～60.5	927	77～56.5	2 533	83～63	706	82.5～58	4 587
合江—榕山	107～101	2 072	108～103	20 561			105.5～95	2 612
兆雅—弥沱	141～136	6 395	139～131	7 421				
泸州—黄舣	163～152	776			177～164	327	171～169	504

（二）支流

据 1976—1977 年调查结果，汉江干流江段分布有铜鱼产卵场 9 个，产卵场江段累计长度 203.5 km，累计产卵量 11 070 万粒。汉江干流江段分布有铜河、白河、天河口、前房、茨河、襄樊、宜城、钟祥和马良等产卵场，其中以钟祥产卵场延伸里程最大，为 43 km，以前房产卵场铜鱼产卵规模最大（表 1-16）。

表 1-16　1976—1977 年汉江铜鱼类产卵场分布状况

江段	产卵场名称	产卵规模（万粒）	江段	产卵场名称	产卵规模（万粒）
上游（1977 年）	铜河	40	中游（1976 年）	襄樊以上干流	615
	蜀河镇	16		唐河、白河	920
	夹河镇	17		宜城	203
	白河	314		钟祥	1 755
	天河口	134		马良	136
	前房	6 900	合计		3 629
	肖家湾	20			
合计		7 441			

五、鳊

1976—1977 年，汉江干流江段鱼类产卵场中存在长春鳊产卵的产卵场有安康、蜀河镇、夹河镇、白河、天河口、前房、肖家湾、襄樊以上干流、唐河及白河、宜城、钟祥和马良产卵场，共计12个，累计产卵量198 124万粒，其中前房产卵场的长春鳊产卵规模最大（表1-17）。

表1-17　1976—1977年汉江鱼类产卵场中长春鳊产卵场分布状况

江段	产卵场名称	产卵规模（万粒）	江段	产卵场名称	产卵规模（万粒）
上游（1977年）	安康	14 819	中游（1976年）	襄樊以上干流	559
	蜀河镇	193		唐河、白河	4 148
	夹河镇	391		宜城	643
	白河	142		钟祥	32 434
	天河口	65 263		马良	12 228
	前房	65 728	合计		50 012
	肖家湾	400			
合计		148 112			

第二章　调查方法

第一节　调查时间与区域

2014—2018年，于每年鱼类主要繁殖期，在长江中上游及其主要支流设置监测断面针对重要鱼类产卵场开展逐日调查，其中2014年设置长江江津、宜昌、荆州、监利和洪湖5个断面，调查时间为4—7月；2015年设置长江宜宾、江津、长寿、宜昌、荆州、监利、洪湖、黄石和洞庭湖通江水道岳阳9个断面，调查时间为5—7月；2016年设置长江宜宾、江津、监利、洪湖、黄石、赤水和湘江营田7个断面，调查时间为4—7月；2017年设置长江攀枝花、巧家、宜宾、江津、宜昌、监利、九江和雅砻江攀枝花、汉江汉川、赣江丰城10个断面，调查时间为4—7月；2018年设置长江攀枝花、巧家、宜宾、泸州、江津、丰都、宜昌、监利、雅砻江攀枝花、汉江汉川和赣江丰城11个断面，调查时间为4—7月（表2-1）。

表2-1　调查时间和断面

年份	调查水域	调查断面	调查时间
2014	长江	江津	5月5日至7月14日
		宜昌	5月1日至7月19日
		荆州	4月30日至7月19日
		监利	5月1日至7月14日
		洪湖	5月5日至7月14日
2015	长江	宜宾	5月20日至7月12日
		江津	5月5日至7月13日
		长寿	5月27日至7月11日
		宜昌	5月6日至7月2日
		荆州	5月5日至6月30日
		监利	5月8日至7月10日
		洪湖	5月1日至7月10日
		黄石	5月17日至7月12日
	洞庭湖通江水道	岳阳	5月8日至6月25日

（续）

年份	调查水域	调查断面	调查时间
2016	长江	宜宾	5月30日至7月15日
		江津	5月14日至7月14日
		监利	5月9日至7月8日
		洪湖	5月13日至7月4日
		黄石	4月29日至7月8日
	赤水河	赤水	5月31日至7月10日
	湘江	营田	4月30日至6月26日
2017	长江	攀枝花	6月2日至7月22日
		巧家	5月30日至7月10日
		宜宾	4月23日至7月25日
		江津	4月23日至7月18日
		宜昌	5月6日至7月11日
		监利	5月6日至7月15日
		九江	5月10日至7月4日
	雅砻江	攀枝花	6月1日至7月22日
	汉江	汉川	6月23日至7月8日
	赣江	丰城	5月12日至6月29日
2018	长江	攀枝花	6月1日至7月20日
		巧家	5月29日至7月17日
		宜宾	4月1日至7月16日
		泸州	5月2日至7月18日
		江津	4月1日至7月14日
		丰都	5月11日至7月2日
		宜昌	5月9日至7月16日
		监利	5月7日至7月14日
	雅砻江	攀枝花	6月1日至7月20日
	汉江	汉川	6月1日至7月28日
	赣江	丰城	6月5日至6月30日

第二节　样品采集及处理

鱼卵、仔鱼采集按照《河流漂流性鱼卵、仔鱼采集技术规范》（SC/T 9407—2012）及《长江鱼类早期资源》进行。仔鱼调查使用弶网（网口直径1.2 m、网长2 m、网目50目、网口面积0.56 m^2）在右岸和左岸进行昼夜连续采集，每天取样2次（8:00和15:00）。

鱼卵调查使用圆锥网（网长 2.5 m、网目 50 目、网口面积 0.19 m^2）在右岸、江心和左岸进行采集，每次采集 15 min，每天上午、下午各采集 1 次。在网口安装流速仪（LS45A 型）测量网口江水流速，采样同步记录水温、溶解氧、透明度、pH 等环境因子。水位和流量数据参考水利部水文局全国水雨情信息网中水文监测的数值（http://xxfb.mwr.cn/）。现场镜检观察并记录鱼卵发育期，使用线粒体细胞色素 b 鉴定种类。仔鱼根据外部形态及肌节数目等特征直接进行种类鉴定，并记录各种类的数量。对无法鉴定种类的仔鱼用 95%的乙醇溶液保存，使用线粒体细胞色素 b 进行鉴定。仔鱼的鉴别参考《长江鱼类早期资源》的方法进行。

第三节 数据处理及分析

调查期间鱼卵、仔鱼径流量的计算方法参照易伯鲁等（1988a）的方法进行，具体如下：

$$d_i = m/(v \cdot a \cdot t);\ D = \sum_{i=1}^{n} d_i/n;\ M = (Q/q) \cdot \overline{D}$$

式中：m 为一次采样的鱼卵、仔鱼数量（粒或尾）；a 为网口面积（m^2）；v 为江水流速（m/s）；t 为采集时间（s）；d_i 为第 i 个采样点卵苗密度；$\overline{D}$ 为断面卵苗平均密度；q 为网内的江水流量（m^3/s）；Q 为采样断面江水平均流量（m^3/s）；M 为一次采集的断面卵苗径流量。

两次样本采集之间的非采集时间内，流经断面的鱼卵、仔鱼径流量 M' 采用插补法来计算，即：

$$M' = (M_1/t_1 + M_2/t_2)(t'/2)$$

式中：t' 为前后两次采集之间的间隔时间；t_1、t_2 为前后两次采集的持续时间；M_1、M_2 为前后两次采集的鱼卵、仔鱼数量。

一昼夜通过调查断面的鱼卵、仔鱼径流量（N_m）是 24 h 内定时采集的卵苗径流量之和与前后 2 次采集间非采集时间内卵苗径流量之和的总和，即

$$N_m = \sum M + \sum M'$$

产卵场位置根据采集鱼卵的发育时间和江水的平均流速推算，计算公式如下：

$$L = V \cdot T'$$

式中：L 为鱼卵的漂流距离（m）；V 为调查断面江水的平均流速（m/s）；T' 为鱼卵胚胎发育所经历的时间（s）。

第三章　四大家鱼

青鱼（*Mylopharyngodon piceus*）、草鱼（*Ctenopharyngodon idella*）、鲢（*Hypophthalmichthys molitrix*）和鳙（*Aristichthys nobilis*）被称为“四大家鱼”（Four famous Chinese carps），是我国淡水渔业的主要捕捞对象和养殖基石。四大家鱼广泛分布于我国中东部各大水系，亲本在河道急流区产卵，繁殖水温必须达到18℃以上，受精卵顺水漂流孵化成鱼苗，在缓水区或静水区育幼，属于温水性淡水鱼类。

1. 分类及形态

（1）青鱼隶属鲤形目、鲤科、雅罗鱼亚科、青鱼属。地方名为黑鲩、青鲩、螺蛳青等。

体近圆筒形，腹部圆，无腹棱，口端位，吻短稍尖，眼中大，唇发达。鳞中大，侧线完全位于体侧中轴，鳃孔宽，鳃盖膜与颊部相连。背鳍无硬刺，外缘平直，臀鳍无硬刺，尾鳍分叉。活体呈青灰色，背部较深，腹部灰白色，鳍呈黑色。背鳍条iii，7；臀鳍条iii，8－9；胸鳍条i，16－18；腹鳍条ii，8。下咽齿1行，4（5）－5（4）。脊椎骨4＋37－39（图3－1）。

图3－1　青　鱼

（2）草鱼隶属鲤形目、鲤科、雅罗鱼亚科、草鱼属。地方名为鲩鱼、浑鱼、草根鱼、混子等。

体长形，腹部圆，无腹棱，口端位，吻短钝，眼中大，鳃孔宽，鳃盖膜与颊部相连。

背鳍无硬刺，外缘平直。活体呈茶黄色，腹部灰白色，体侧鳞片边缘灰黑色，胸鳍和腹鳍灰黄色，其他鳍浅色。背鳍条 iii，7；臀鳍条 iii，8－9；胸鳍条 i，16－18；腹鳍条 ii，8。下咽齿 2 行，2·4（5）-5（4）·2。脊椎骨 4＋40－42（图 3－2）。

图 3－2 草 鱼

（3）鲢隶属鲤形目、鲤科、鲢亚科、鲢属。地方名为白鲢、鲢子、跳鲢、水鲢等。

体侧扁，腹部扁薄，从胸鳍基部前下方至肛门间有腹棱，口端位，吻短钝。鳃孔大，左右鳃盖膜彼此连接而不与颊部相连。背鳍基部短无硬刺，胸鳍较长无硬刺，腹鳍较短，尾鳍叉形。活体背部青灰色，两侧及腹部白色，各鳍色灰白。背鳍条 iii，7；臀鳍条 iii，11－13；胸鳍条 i，16－17；腹鳍条 ii，7－8。下咽齿 1 行，4－4。脊椎骨 4＋35（图 3－3）。

图 3－3 鲢 鱼

（4）鳙隶属鲤形目、鲤科、鲢亚科、鳙属。地方名为花鲢、黑鲢、松鱼、胖仔、包头鱼等。

体侧扁，腹部在腹鳍基部之前较圆，其后部至肛门前有狭窄的腹棱，头极大。口端位，吻短而圆钝，鳃孔宽大，左右鳃盖膜相连而不与颊部相连。背鳍基部短，胸鳍长，腹鳍末端可达或稍超过肛门，尾鳍深分叉。活体背部及体侧上半部微黑，有许多不规则斑点，腹部灰白色，各鳍呈灰色，上有许多黑色小斑点。背鳍条 iii，7－8；臀鳍条 iii，10－13；胸鳍条 i，16－19；腹鳍条 i，7－8。下咽齿 1 行，4－4。脊椎骨 4＋38（图 3－4）。

图 3-4 鳙 鱼

2. 地理分布

四大家鱼在我国中东部各大流域（黑龙江、黄河、淮河、长江、珠江）都有分布，特别是长江流域中下游，长江三峡以下更是我国四大家鱼鱼苗的主要产地。四大家鱼是我国典型的平原鱼类。天然分布区在22°—40°N及104°—122°E，最北不超过51°N，最南不到19°N以南；最东不超过140°E，最西不到104°E以西。从天然分布区的海拔高度看，在北方黑龙江水系最高不超过200 m；在黄河下游不超过约420 m；在长江中、下游不超过500 m。

3. 繁殖与生长

（1）青鱼最小性成熟年龄为6龄，繁殖期在4月下旬至7月中旬，比草鱼和鲢稍迟，产卵时要求一定的流水及水温条件，卵为漂流性卵。青鱼多在中下水层生活，以螺蛳、蚌、蚬、蛤等为食物。生长快，最大个体可达70 kg，常见个体15～20 kg。体长生长在1～2龄最快，3～4龄开始减缓，5龄时开始急剧下降。体重增长在3～4龄最快，以后仍然持续增长。

（2）草鱼性成熟年龄一般为4龄，最小为3龄，繁殖期在4月下旬至7月上旬，产卵时要求一定的流水及水温条件，卵为漂流性卵，多在水体中上层生活，主要以水生和陆生植物为食，尤以禾本科植物为多，兼食昆虫等动物性饵料。生长快，最大个体达35 kg左右。1～3龄为生长最快期，一般4～5龄达到性成熟，5龄后长度生长有明显减弱。

（3）鲢性成熟年龄一般为4龄，最小为3龄，繁殖期在4月下旬至7月上旬，产卵时要求一定的流水及水温条件，卵为漂流性卵，多在水体上层生活，以浮游植物为食，鱼苗阶段以浮游动物为食。生长快，最大个体可超过40 kg。体长生长以1～4龄较快，尤其是第2年，4龄后明显变慢；体重以3～6龄增长最快，6龄后减慢。

（4）鳙性成熟年龄为4～5龄，雄鱼最小为3龄，繁殖期在4—7月。产卵所要求的水力学条件与草鱼、鲢相似，但水温要求略高。卵为漂流性卵。多在水体中上层生活，从鱼苗到成鱼阶段都是以浮游动物为主食，兼食浮游植物。生长速度略快于鲢，最大个体达35～40 kg。体长增长1～3龄最快，4龄开始性成熟后，体长增长急剧下降。体重增长2～7龄都较快，其中以3龄增重最快。

4. 资源动态

四大家鱼是我国淡水渔业的主要捕捞对象和养殖基石，长江是四大家鱼主要繁殖和栖息地，也是我国和世界重要的苗种发源地，四大家鱼苗种质量优于我国其他水域。20世纪 70 年代，长江中游渔获物中四大家鱼重量比约为 46%；到 90 年代，渔获物重量占比下降至约 20%；2000 年以后，下降至不足 10%。渔获物中青鱼、草鱼、鲢以 1～2 龄未性成熟的个体为主，鳙以 2～3 龄个体为主，四大家鱼小型化和低龄化现象十分严重。

1964—1965 年，长江干流四大家鱼产卵规模年均为 1 184 亿粒，其中长江中游为 905 亿粒，占全干流总产量的 76.4%。1981 年长江干流四大家鱼的产卵规模为 173 亿粒，仅为 60 年代调查结果的 15.7%，其中，长江中游产卵规模为 110 亿粒，占干流总量的 63.7%，监利江段鱼苗径流量为 67 亿尾；1986 年长江干流四大家鱼苗径流量略多于 1981 年，其中监利江段鱼苗径流量为 72 亿尾。1997—2002 年（三峡库区蓄水前）监利江段四大家鱼鱼苗年均径流量为 25 亿尾，2003 年三峡库区蓄水后，其资源量急剧下降，2003—2009 年监利江段四大家鱼苗年均径流量为 2 亿尾，最低年份（2009 年）仅为 0.4 亿尾。

第一节　产卵场的分布及历史变迁

一、产卵场的分布

1. 干流

调查期间，四大家鱼产卵主要分布在长江中上游 13 个江段（产卵规模>0.1 亿粒），产卵场江段长度约 376 km。

上游：主要分布在合江县、涪陵区和涪陵下 3 个江段，产卵场江段长度约 180 km。

中游：主要分布在宜昌、枝江上、枝江下、石首、君山区、云溪区、洪湖、团风、鄂州下和黄石 10 个江段，产卵场江段长度约 196 km。

2. 重要支流

调查期间，四大家鱼产卵场主要分布在湘江和汉江 4 个江段，产卵场江段长度约 70 km。

湘江：主要分布在汨罗和湘阴 2 个江段，产卵场江段长度约 25 km。

汉江：主要分布在仙桃上和仙桃市江段，产卵场江段长度约 45 km。

二、产卵场分布的历史变迁

与 1981 年调查结果相比，2014—2018 年长江干流江段具有一定规模的四大家鱼产卵场（>0.1 亿粒）分布江段由 24 个减少至 13 个，产卵规模较大的产卵场（>1.0 亿粒）由 20 个缩减至 2 个。产卵场范围由 659 km 缩短至 376 km。

目前，四川合江江段新形成了一个范围和规模较大的四大家鱼产卵场，丰都至宜昌葛洲坝上（库区）江段，由于三峡大坝蓄水形成库区，水流极缓慢，即便有少数四大家鱼在此产卵，漂流性的鱼卵也可能沉入水底死亡，理论上已不具备形成四大家鱼产卵场的水文环境。

宜昌葛洲坝下至九江江段，大部分产卵场目前仍然存在，但范围大幅缩小。宜昌葛洲坝下、枝江市江段、嘉鱼及其以下江段产卵场范围与 1981 年基本一致，荆州至洪湖江段内产卵场江段长度由 209 km 缩减至 70 km；另新调查到团风和黄石 2 个产卵场（图 3-5，表 3-1，表 3-2 和表 3-3）。

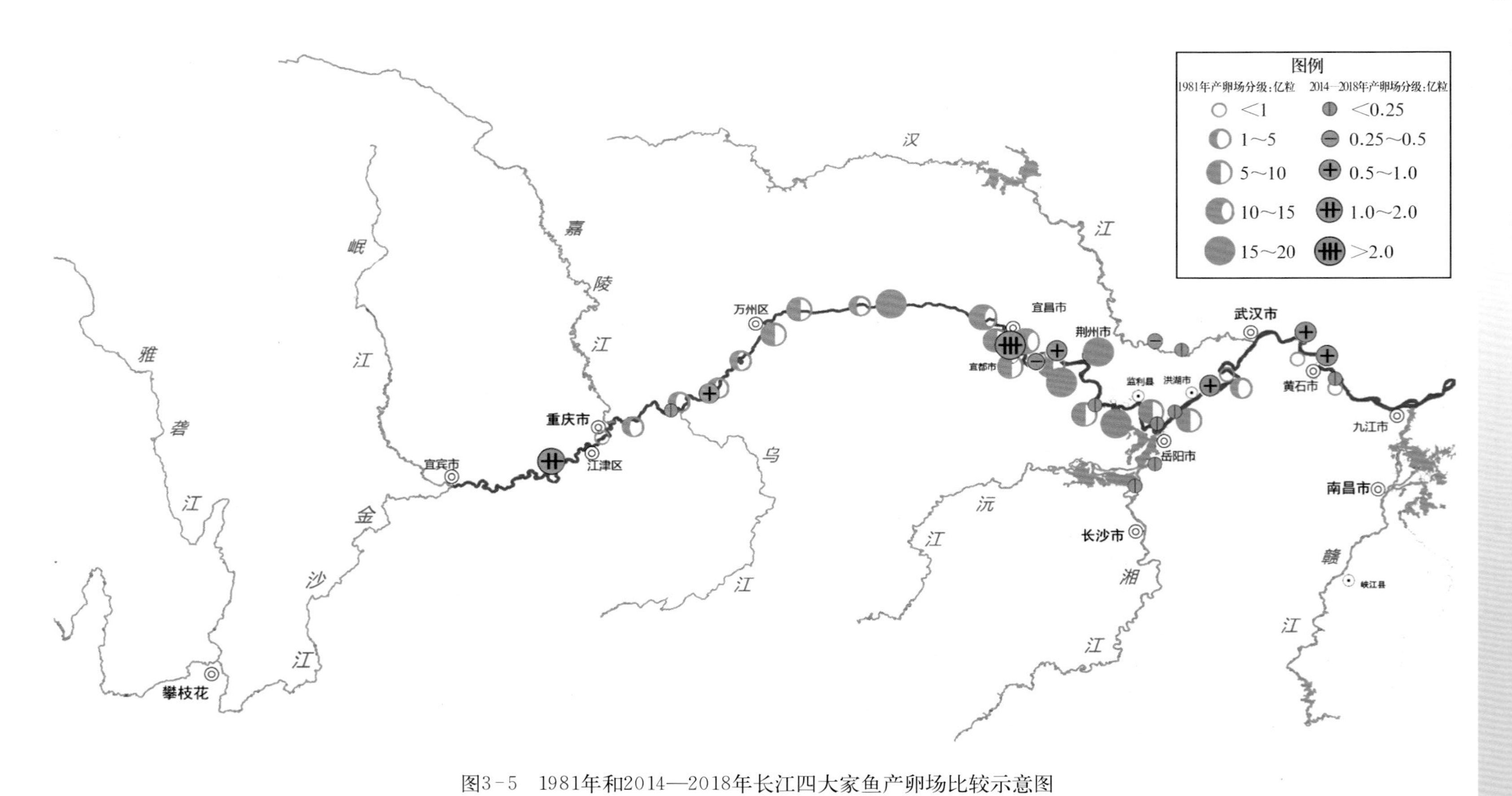

图3-5　1981年和2014—2018年长江四大家鱼产卵场比较示意图

表 3-1　2014—2018 年长江干流四大家鱼产卵场分布状况

序号	产卵场名称	延伸范围	产卵场江段长度（km）	产卵规模（亿粒）					
				2014 年	2015 年	2016 年	2017 年	2018 年	2014—2018 年年均
1	合江	泸州市—白沙镇	140	2.06	1.57	1.81	1.75	2.64	1.97
2	涪陵	李渡镇—乌江口	13	未调查	未调查	未调查	未调查	0.24	0.24
3	涪陵下	清溪镇—湛普镇	27	未调查	未调查	未调查	未调查	0.6	0.60
4	宜昌	葛洲坝下—红花套镇下	32	5.28	6.03	未调查	8.45	9.34	7.28
5	枝江上	白洋镇—董市镇上	34	0.66	0.29	未调查	未调查	未调查	0.48
6	枝江下	百里洲镇—涴市镇	27	0.53	1.14	未调查	未调查	未调查	0.84
7	石首	石首市上下	20	0.01	0.18	0.03	0	0.37	0.12
8	君山区	城陵矶上	12	0.16	0.28	0.00	未调查	未调查	0.15
9	云溪区	永济乡—陆城镇	13	0.11	0.13	0.16	未调查	未调查	0.13
10	洪湖	洪湖市—陆溪镇	25	0.71	0.53	0.78	未调查	未调查	0.67
11	团风	团风城区上下	10	未调查	0.14	1.95	0	未调查	0.70
12	鄂州下	燕矶镇—杨叶镇	13	未调查	0.07	2.02	0.07	未调查	0.72
13	黄石	西塞山—河口镇	10	未调查	0.00	0.31	0	未调查	0.10
合　计			376						14.00

表 3-2　2015—2018 年长江重要支流四大家鱼产卵场分布状况

序号	支流	产卵场名称	延伸范围	产卵规模（亿粒）					
				产卵场江段长度（km）	2015 年	2016 年	2017 年	2018 年	2015—2018 年累计
1	湘江	汨罗	琴棋乡—沙洲村	10	0.19	未调查	未调查	未调查	0.19
2		湘阴	荷花塅—港南村	15	0.13	未调查	未调查	未调查	0.13
3	汉江	仙桃上	仙桃西站上下	27	未调查	未调查	未调查	0.33	0.33
4		仙桃	多祥镇—仙桃市	18	未调查	未调查	未调查	0.22	0.22
		合　计		70	0.32	0.00	0.00	0.55	0.87

表 3-3　1981 年和 2014—2018 年长江干流四大家鱼产卵场分布状况比较

序号	产卵场名称	延伸范围	1981 年	2014—2018 年	2014—2018 年与 1981 年对比
			产卵规模（亿粒）	产卵规模（亿粒）	
1	重庆	重庆及以上	0.37	1.97	产卵场上移，产卵量统计来自重庆江津段以上
2	木洞	木洞上下	1.70	<0.1	产卵场严重萎缩，基本消失
3	涪陵	涪陵上下	2.21	0.84	产卵场位置一致，规模缩小
4	高家镇	高家镇上下	1.12	未调查	产卵环境条件改变，尚未开展调查
5	忠县	西沱—忠县	3.41	未调查	产卵环境条件改变，尚未开展调查
6	大丹溪	大丹溪上—小丹溪下	6.64	未调查	产卵环境条件改变，尚未开展调查
7	云阳	小江—云阳下	8.77	未调查	产卵环境条件改变，尚未开展调查

（续）

序号	产卵场名称	延伸范围	1981年 产卵规模 （亿粒）	2014—2018年 产卵规模 （亿粒）	2014—2018年与1981年对比
8	奉节	安坪—奉节上	3.15	未调查	产卵环境条件改变，尚未开展调查
9	巫山	碚石上—奉节下	17.10	未调查	产卵环境条件改变，尚未开展调查
10	秭归	巴东下—太平溪	13.54	未调查	产卵环境条件改变，尚未开展调查
11	宜昌坝上	三斗坪—南津关	5.02	未调查	产卵环境条件改变，尚未开展调查
12	宜昌坝下	葛洲坝下—宜昌上	11.14	7.28	产卵场范围基本一致，规模缩小
13	白洋	宜昌—枝城上	7.44	1.32	产卵场范围基本一致，规模严重缩减
14	枝城	枝城—枝江	10.24		
15	江口	江口—苑市	20.56	＜0.10	产卵场严重萎缩，基本消失
16	荆州	荆州—公安	20.32	＜0.10	产卵场严重萎缩，基本消失
17	新厂	新厂上下	17.49	＜0.10	产卵场严重萎缩，基本消失
18	石首	石首—调关	8.70	0.12	产卵场范围和规模严重缩减
19	监利	塔市驿—尺八口	7.52	＜0.10	产卵场严重萎缩，基本消失
20	螺山	新堤—城陵矶下	5.08	0.15	产卵场下移，规模严重缩减
21	嘉鱼	复兴洲附近	1.33	10.80	产卵场上移，规模严重缩减
22	新滩口	洪水口—簰洲	0.57		
23	团风	团风县城上下	无	0.70	新调查到
24	鄂城	鄂城上下	0.03	0.72	产卵场范围基本一致，规模增大
25	杨叶镇	杨叶镇上下	无		
26	道士袱	道士袱上下	0.03	＜0.10	产卵场严重萎缩，基本消失
27	黄石	西塞山—河口镇	未调查	0.10	新调查到
	合计		173	14.00	

第二节　产卵场的规模及变化

一、产卵场的规模

1. 干流

调查期间，长江中上游干流江段四大家鱼产卵场的年均产卵规模为14.00亿粒。

上游：产卵场的年均产卵规模为2.81亿粒，产卵规模较大的（＞0.5亿粒）仅有合江江段，年均产卵规模为1.97亿粒。

中游：产卵场的年均产卵规模为11.18亿粒，产卵规模较大的（＞0.5亿粒）有宜昌、枝江江口、洪湖、团风和鄂州江段，年均产卵规模分别为7.28亿粒、0.84亿粒、0.67亿粒、0.70亿粒和0.72亿粒。

2. 重要支流

调查期间，汉江和赣江四大家鱼产卵场的年均产卵规模合计为0.87亿粒，其中汉江为 0.32 亿粒、湘江为 0.55 亿粒。

二、产卵规模的变化

1. 年际变化

合江产卵场近年产卵规模比较平稳，产卵规模在 1.6 亿～2.6 亿粒间波动，是长江上游产卵规模最大的产卵场。

宜昌产卵场近年产卵规模呈现稳步增加趋势，产卵规模由 2014 年的 5.3 亿粒增至 2018 年的 9.3 亿粒，是长江中上游产卵规模最大的产卵场（图 3－6）。

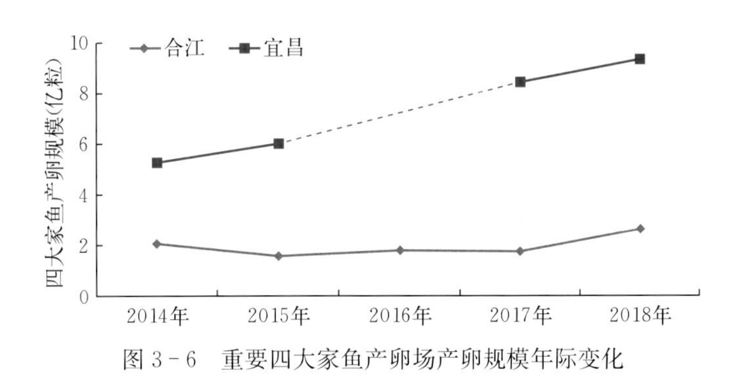

图 3－6　重要四大家鱼产卵场产卵规模年际变化

2. 历史变迁

长江干流四大家鱼产卵场产卵规模由 171 亿粒（1981 年）缩减至目前的 14.00 亿粒，产卵场的最大产卵规模由 20.5 亿粒降至 7.28 亿粒。

1981 年，产卵规模>10 亿粒的产卵场有巫山、秭归、宜昌坝下、枝城、江口、荆州和新厂 7 个；产卵规模 1 亿～10 亿粒的有木洞、涪陵、高家镇、忠县、大丹溪、云阳、奉节、宜昌坝上、白洋、石首、监利、螺山和嘉鱼 13 个。

目前，已无产卵规模>10 亿粒的产卵场，产卵规模 1 亿～10 亿粒的仅有合江和宜昌 2 个产卵场。相比 1981 年，产卵规模变化较大的江段有枝江市江段、荆州—洪湖江段，产卵规模分别由 38.2 亿粒、59.1 亿粒下降至 1.31 亿粒、1.07 亿粒。

第三节　产卵场的地形特征

四大家鱼产卵场通常位于两岸地形变化较大的江段，如江面陡然紧缩，江心有沙洲、矶头伸入江中或河道弯曲多变的江段，这些江段流场复杂，易形成“泡漩水”，是家鱼卵受精播散的最佳水流环境。本节以长江中上游产卵规模最大的四大家鱼产卵场——宜昌产卵场为例，介绍四大家鱼产卵场的地形特征。

宜昌产卵场处于长江由山区性河流向冲积平原河流过渡的地带，河道左右两岸有多处基岩及丘陵阶地节点控制，河床以砂卵石为主。河道主流走向与河床平面形态较为稳定，两岸岸线也基本平顺，整个河段河势较为稳定。宜昌产卵场主要受葛洲坝、三峡大坝运作以及上游来水来沙变化等因素影响，产卵场河段深泓平均冲刷 5.8 m，局部最大冲深达 20 m（图 3-7～图 3-11，表 3-4）。

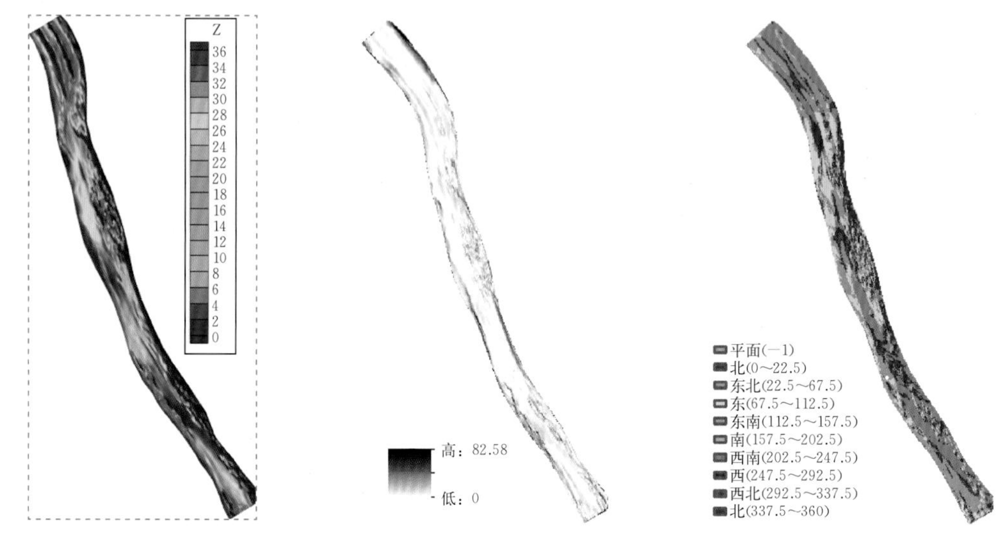

图3-7　宜昌产卵场地形高程　图 3-8　宜昌产卵场地形坡度　图 3-9　宜昌产卵场地形坡向

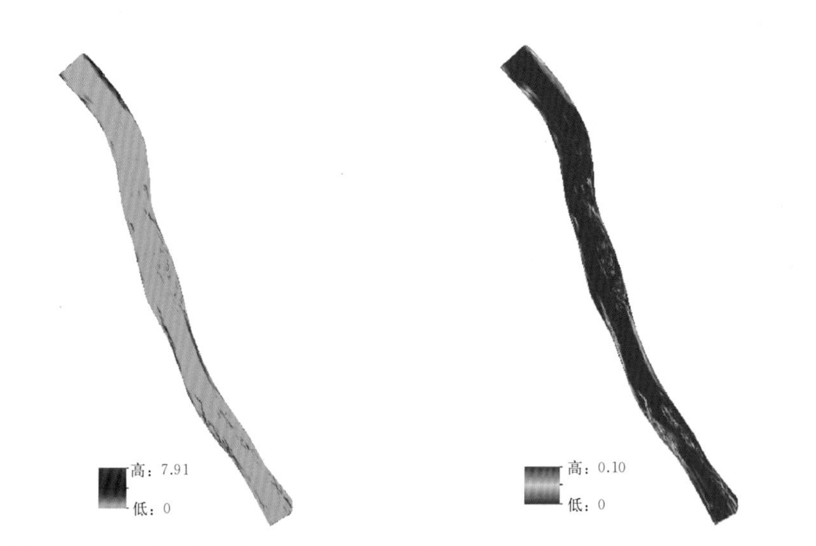

图 3-10　宜昌产卵场地形起伏度　图 3-11　宜昌产卵场地形高程变异系数

表 3-4　宜昌产卵场地形因子空间分析结果

江段	高程	坡度		坡向		起伏度	高程变异系数
	$\overline{X}\pm SD$ (m)	$\overline{X}\pm SD$ (°)	CV	$\overline{X}\pm SD$ (°)	CV	$\overline{X}\pm SD$ (10^{-2}m)	$\overline{X}\pm SD$ (10^{-4})
宜昌	28.58±4.46	1.91±2.78	145.54	166.69±95.84	57.49	3.44±77.96	3.25±7.13

宜昌江段上游河底有两排突起高垄，高垄下游左岸紧接一深潭，测量江段的中段和下

游段右岸也各有一深潭。整体看来，测量江段的河道深槽从上游左岸偏移至下游右岸，虽然表面看似顺直，但河底存在一S形拐弯。另一方面，中游段和下游段的左岸河底地形较为粗糙，右岸河底地形较为平顺，根据实际行船和现场勘察发现，左岸河底粗糙区为大面积采砂船抛弃的堆石，右岸河底平顺区为天然沙质河底。在地形隆起、乱石堆和深潭处，产卵场的坡度、地形起伏度和高程变异系数指标较大，为产卵场复杂的流场形成提供了地形条件。

第四节 产卵场的水动力学特征

产卵场是鱼类栖息地中重要且敏感的场所。河流的水动力特性与鱼类栖息地之间具有强烈的相关性。四大家鱼产卵场的水动力特性，是触发家鱼产卵的重要因素。本节以长江中上游产卵规模最大的四大家鱼产卵场——宜昌产卵场为例，介绍四大家鱼产卵场的水动力学特征。

四大家鱼繁殖时期宜昌产卵场大部分流量处于6 000～35 000 m^3/s，利用EFDC三维水动力模型模拟了七组流量梯度条件下宜昌产卵场江段的流场，分析了宜昌产卵场水动力特性（表3-5，图3-12～图3-13）。

表3-5 宜昌产卵场流量和水位表

工况	流量（m^3/s）	水位（m）
1	6 000	37.8
2	10 000	38.9
3	15 000	41.5
4	20 000	43.3
5	25 000	44.6
6	30 000	46.4
7	35 000	47.1

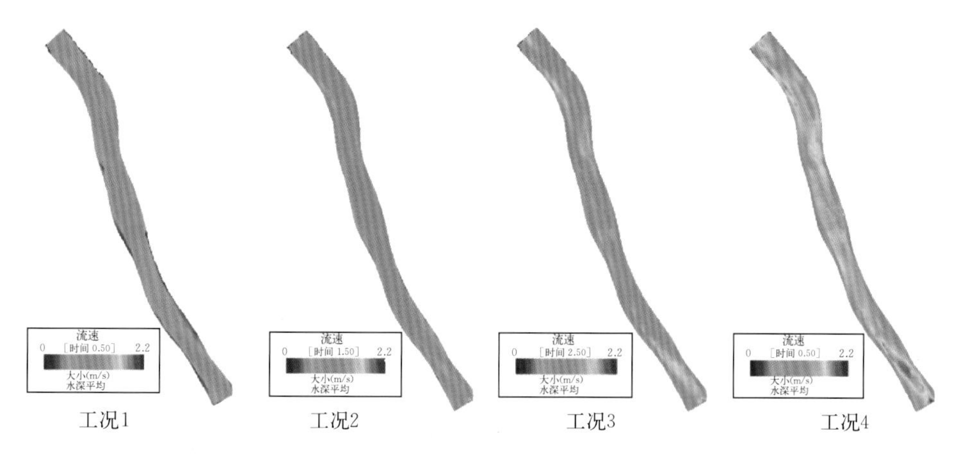

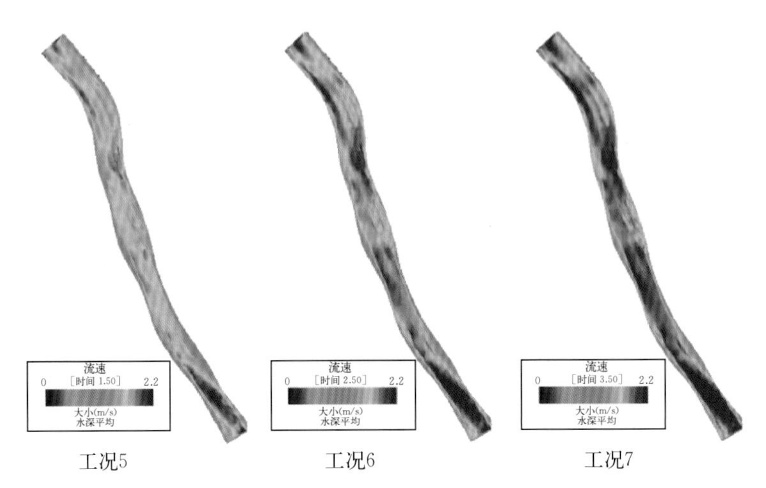

图 3-12　七组流量条件下宜昌产卵场平均流速分布图

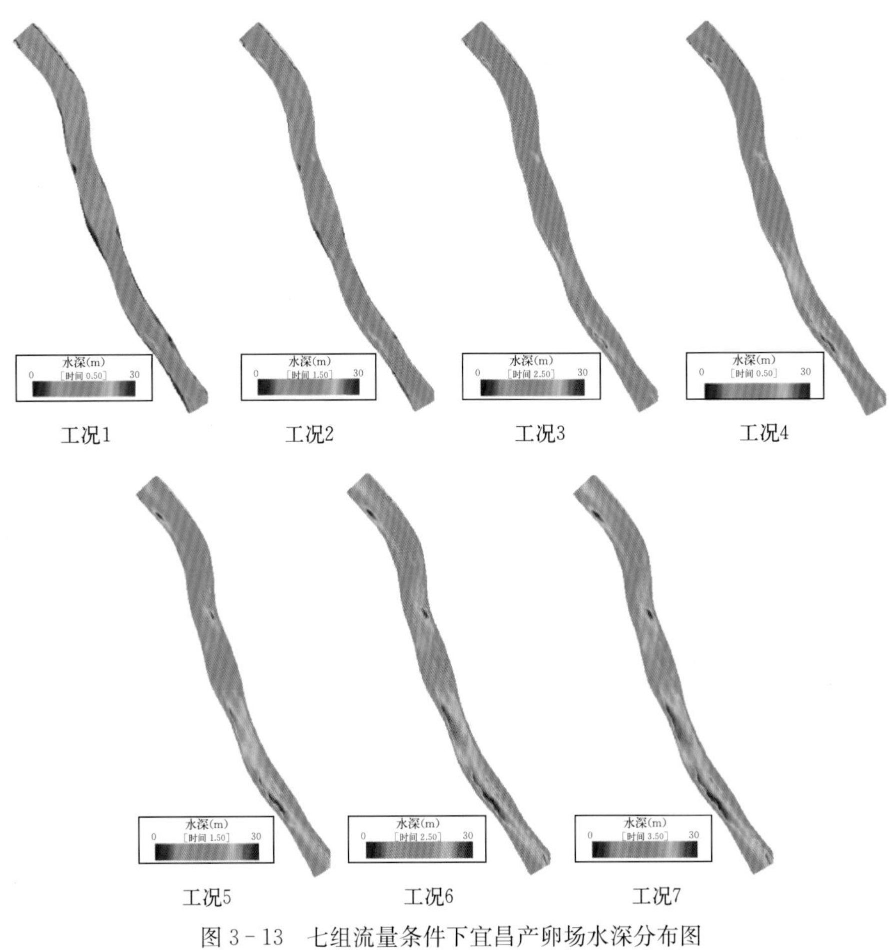

图 3-13　七组流量条件下宜昌产卵场水深分布图

宜昌江段网格在水平方向上为 840×50，即横向有 i=840 行，纵向有 j=50 列，网格总数为 42 000。网格平均大小为 19.88 m×18.94 m（横向×纵向）（图 3-14）。

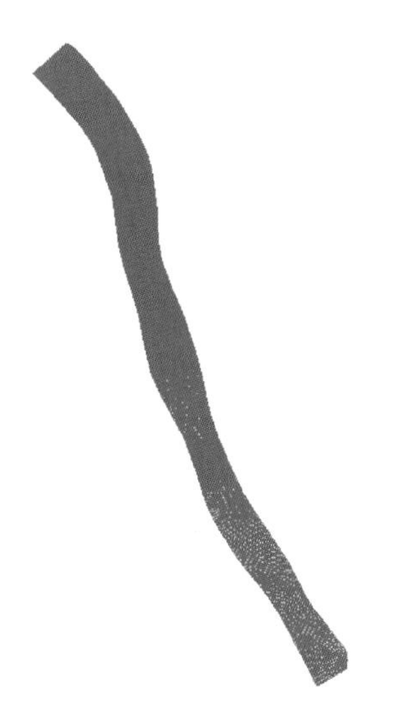

图 3-14　宜昌产卵场模型网格

对于产漂流性卵的四大家鱼而言，水流速度具有重要意义。在繁殖季节，达到性成熟的家鱼遇到合适的涨水过程，会聚集在河道中特定的区域进行排卵受精活动。在设定的 6 000～35 000 m^3/s 流量范围内，随着流量增大，宜昌产卵场平均流速从 0.77 m/s 增加至 1.82 m/s，平均水深从 10.25 m 增加至 19.37 m（图 3-15）。虽然宜昌产卵场河道形态为顺直型，但由于上游左岸和中下游右岸存在深潭，导致其主流方向呈现出微 S 形。产卵场上游区域由于河床隆起，且右岸河床高程较低，大部分水流由此流向下游，河道变窄，流速明显增大；产卵场中游由于深潭和乱石堆积，流速比较紊乱；产卵场下游河道有长距离的深潭，水流流速较大（图 3-16～图 3-17）。

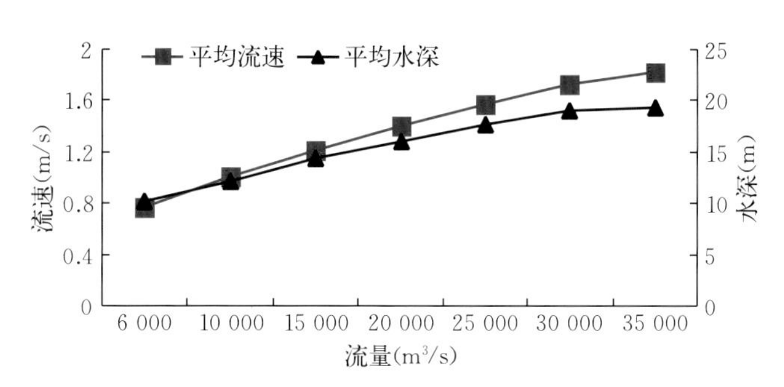

图 3-15　七组流量条件下宜昌产卵场平均流速和平均水深变化情况

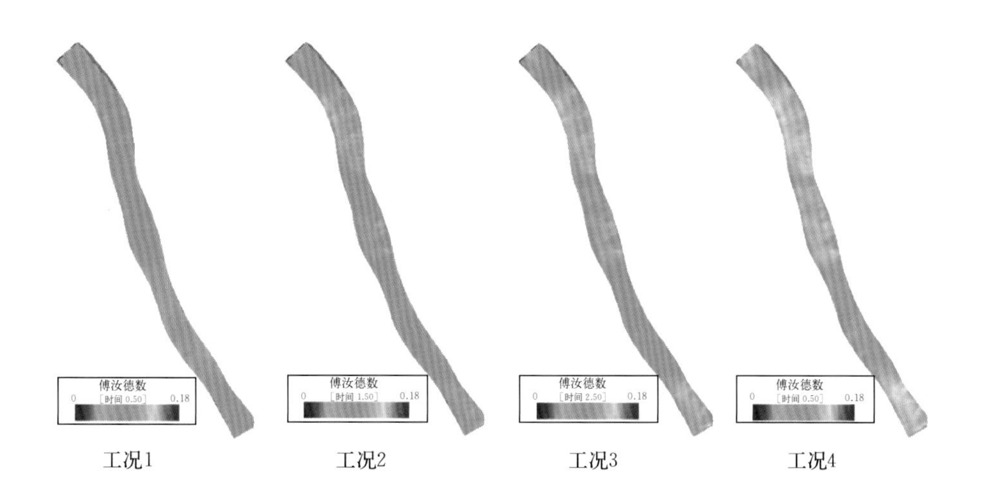

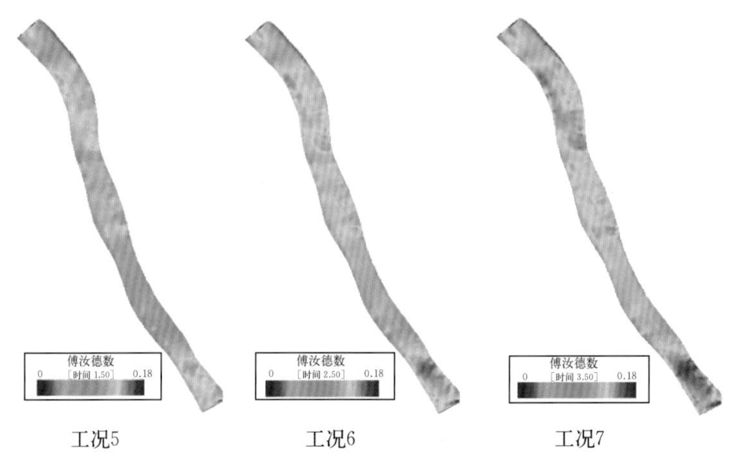

图 3-16　七组流量条件下宜昌产卵场傅汝德数分布图

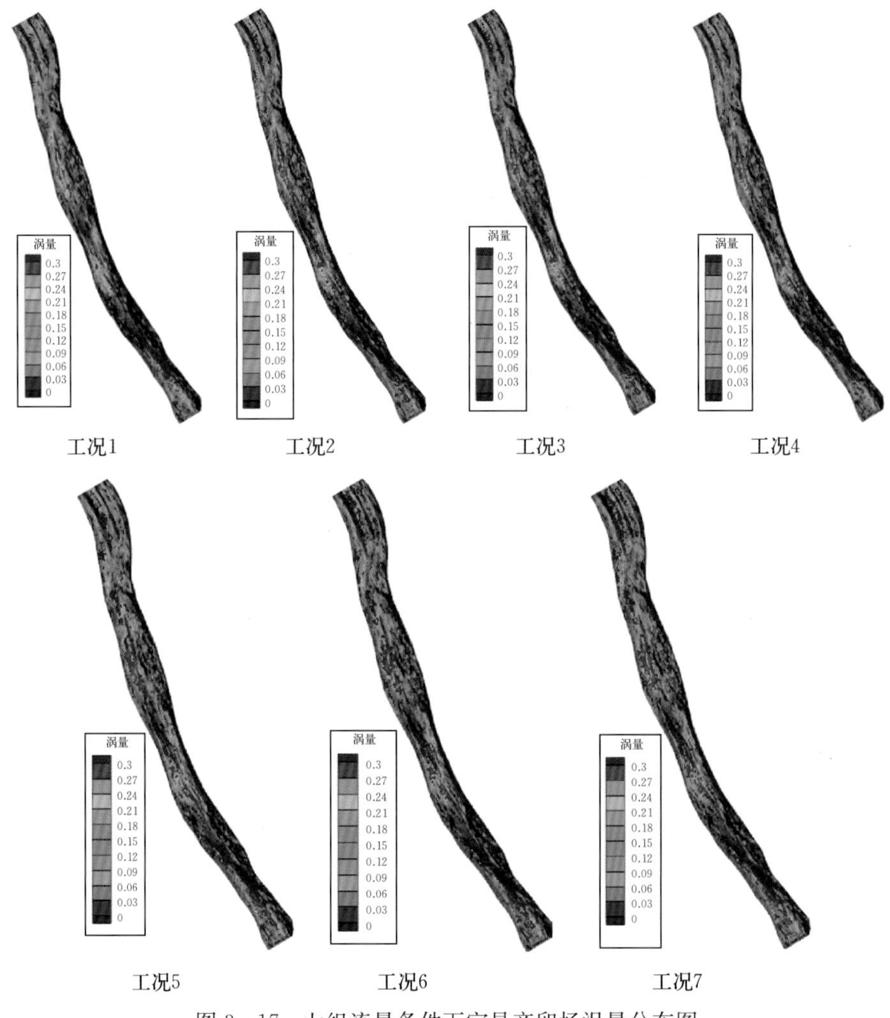

图 3-17　七组流量条件下宜昌产卵场涡量分布图

四大家鱼产卵场的河床地形起伏多变，当下泄的底层急流遇到前方障碍物阻挡时，水流将产生垂直方向上的速度，使得浅层水流不断向多个方向涌动，此即为泡漩水。复杂的水流有旋运动能够使家鱼卵安全漂浮而不致下沉，垂直方向上的水流速度对产漂流性卵的四大家鱼至关重要。在设定的 6 000～35 000 m^3/s 流量范围内，随着流量增大，宜昌产卵场平均傅汝德数从 0.080 增加至 0.134，平均涡量从 0.113 s^{-1} 增加至 0.243 s^{-1}（图 3-18）。傅汝德数受流速和水深综合作用影响，因此随着流量增加其增大的规律性很复杂，宜昌产卵场在中上部和底部傅汝德数值较大。宜昌产卵场右岸和下游涡量水平较高。

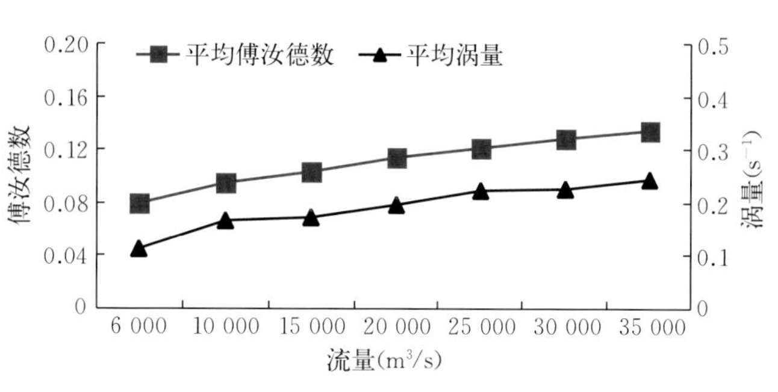

图 3-18　七组流量条件下宜昌产卵场平均傅汝德数和平均涡量变化情况

第五节　产卵场特别保护期

一、干流上游

江津江段调查到的四大家鱼产卵日期为 5 月中旬至 7 月下旬，产卵期持续 68 d，产卵高峰期为 5 月中下旬、6 月中下旬。

长寿江段调查到的四大家鱼产卵日期为 6 月，产卵期持续 19 d，产卵高峰期为 6 月上旬。

丰都江段调查到的四大家鱼产卵日期为 5 月下旬至 6 月下旬，产卵期持续 46 d，产卵高峰期为 6 月中上旬、7 月上旬（表 3-6）。

表 3-6　长江上游四大家鱼产卵日期

江段	起始时间（年/月/日）	结束时间（年/月/日）	高峰期（月/日）	持续时间（d）
江津	2014/5/8	2014/7/9	6/2—6/4、6/30	63
江津	2015/5/21	2015/7/10	6/9、6/21、6/24—6/26、7/1—7/2	51
江津	2016/5/14	2016/7/7	5/14、6/3—6/4、6/9	55
江津	2017/5/25	2017/7/13	6/5、6/10—6/12、6/15—6/18、6/24	50
江津	2018/4/27	2018/7/3	5/20、5/24、6/22—6/23	68
长寿	2015/6/7	2015/6/25	6/9	1
丰都	2018/5/20	2018/6/29	5/23—5/25、6/23—6/25、6/28—6/29	18

2014 年，江津江段调查到的四大家鱼卵出现天数为 20 d，主要出现在 6 月上中下旬及 7 月中上旬，高峰期分别在 6 月 2—4 日、6 月 30 日，密度分别为 5.37 粒/100 m^3 和 13.52 粒/100 m^3；2015 年四大家鱼卵出现天数为 29 d，主要出现在 6 月上中下旬及 7 月

下旬，高峰期分别在6月9日、6月21日、6月24—26日、7月2日，密度分别为8.51粒/100 m³、2.32粒/100 m³、6.22粒/100 m³、4.85粒/100 m³；2016年江津江段四大家鱼卵出现天数为27 d，主要出现在6月上中下旬，高峰期分别在5月14日、6月3—4日、6月9日，密度分别为2.00粒/100 m³、7.10粒/100 m³和1.20粒/100 m³；2017年江津江段四大家鱼卵出现天数为25 d，主要出现在6月中下旬，高峰期分别在6月5日、6月10—12日、6月15—18日、6月24日，密度分别为2.23粒/100 m³、9.09粒/100 m³、10.65粒/100 m³、2.95粒/100 m³；2018年江津江段四大家鱼卵出现天数为17 d，主要出现在5月中下旬、6月中下旬，高峰期分别在5月20日、5月24日、6月22—23日，密度分别为5.42粒/100 m³、7.54粒/100 m³和15.22粒/100 m³（图3-19）。

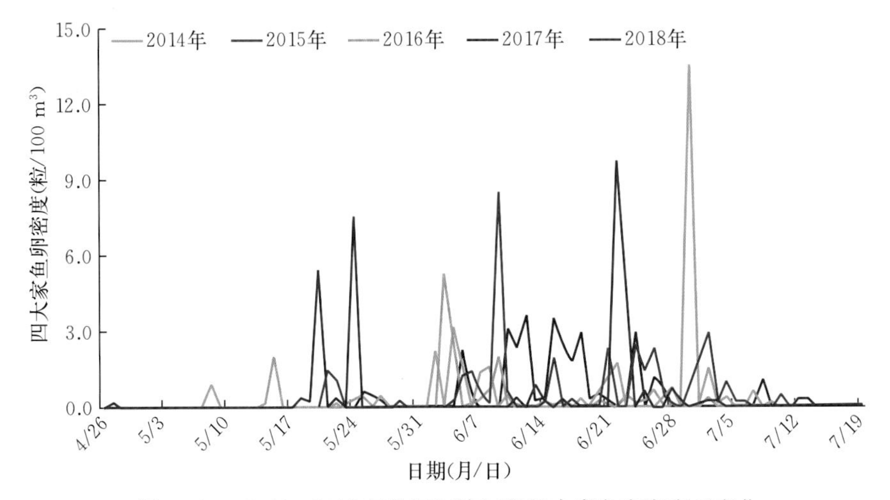

图3-19　2014—2018年长江江津江段四大家鱼卵密度日变化

2015年，长寿江段四大家鱼卵出现天数为5 d，主要出现在6月，高峰期在6月9日，密度为0.86粒/100 m³（图3-20）。

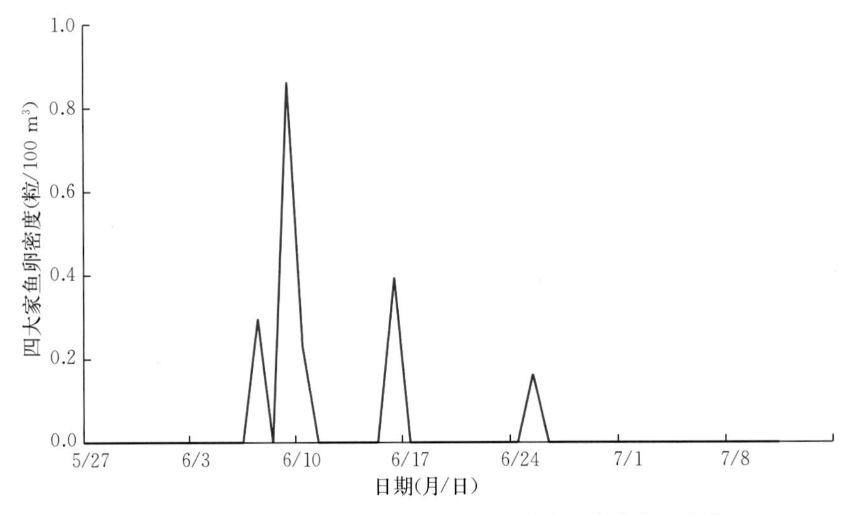

图3-20　2015年三峡库区长寿江段四大家鱼卵密度日变化

2018年，丰都江段四大家鱼卵出现天数为9 d，主要出现在5月下旬，高峰期分别在6月1—4日、6月18日，密度分别为0.18粒/100 m³ 和0.20粒/100 m³（图3-21）。

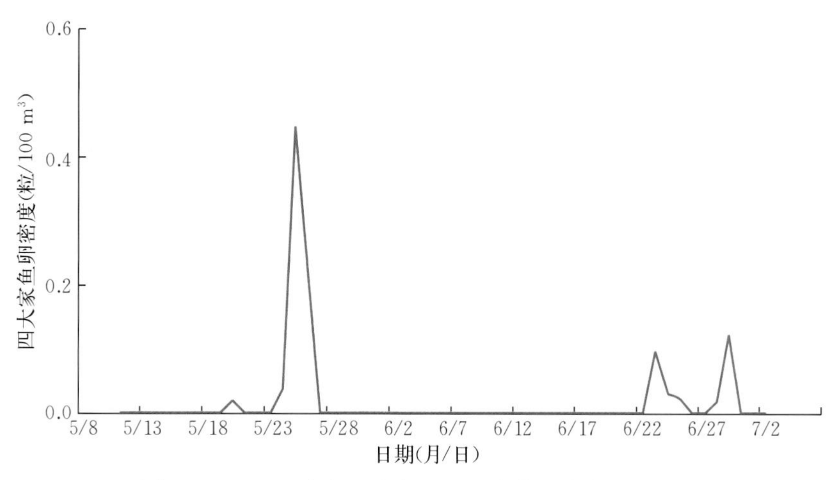

图3-21　2018年长江丰都江段四大家鱼卵密度日变化

二、干流中游

宜昌江段调查到的四大家鱼产卵日期为5月下旬至7月上旬，产卵期持续55 d，产卵高峰期为5月下旬、6月上下旬、7月上旬。

荆州江段调查到的四大家鱼产卵日期为5月中旬至7月中旬，产卵期持续60 d，产卵高峰期为6月上旬、7月中上旬。

石首江段调查到的四大家鱼产卵日期为5月中下旬至6月中下旬，产卵期持续20 d，产卵高峰期为5月中下旬和6月下旬。

洪湖江段调查到的四大家鱼产卵日期为5月中旬至7月上旬，产卵期持续52 d，产卵高峰期为6月中上旬、7月上旬（表3-7）。

表3-7　长江中游四大家鱼产卵日期

江段	起始时间（年/月/日）	结束时间（年/月/日）	高峰期（月/日）	持续时间（d）
宜昌	2014/5/18	2014/7/10	6/6—6/7、6/23—6/26、7/4	54
宜昌	2015/5/9	2015/7/2	5/30、6/9、6/18、6/27	55
宜昌	2017/5/22	2017/7/10	6/10、6/18、6/25—6/28、7/9—7/10	50
宜昌	2018/5/13	2018/7/5	5/19、5/25、6/20、6/24、7/4	54
荆州	2014/6/6	2014/7/18	7/4、7/12、7/16	43
荆州	2015/5/19	2015/6/28	5/29、6/3	40
石首	2017/6/11	2017/6/11	6/11	1
石首	2017/6/20	2017/6/21	6/21	2

（续）

江段	起始时间（年/月/日）	结束时间（年/月/日）	高峰期（月/日）	持续时间（d）
石首	2017/6/24	2017/6/24	6/24	1
石首	2017/6/29	2017/7/1	7/1	3
石首	2018/5/17	2018/5/21	5/17、5/21	5
石首	2018/5/24	2018/5/27	5/26	4
石首	2018/6/25	2018/6/25	6/25	4
洪湖	2014/5/15	2014/7/5	5/25—5/26、6/23—6/24	52
洪湖	2015/5/12	2015/6/15	5/12—5/16、5/28、6/9	34
洪湖	2016/5/14	2016/6/29	5/21—5/23、6/12—6/13、6/23—6/24	47

2014 年，宜昌江段四大家鱼卵出现天数为 30 d，主要出现在 6 月上中下旬以及 7 月上旬，高峰期分别出现在 6 月 6—7 日、6 月 23—26 日和 7 月 4 日，密度分别为 3.81 粒/100 m^3、2.37 粒/100 m^3、4.01 粒/100 m^3；2015 年四大家鱼卵出现天数为 25 d，主要出现在 5 月下旬、6 月、7 月上旬，高峰期分别出现在 5 月 30 日、6 月 9 日、6 月 18 日和 6 月 27 日，密度分别为 6.65 粒/100 m^3、13.23 粒/100 m^3、2.92 粒/100 m^3、6.59 粒/100 m^3；2017 年四大家鱼卵出现天数为 12 d，主要出现在 6 月，高峰期分别出现在 5 月 30 日、6 月 9 日、6 月 18 日和 6 月 27 日，密度分别为 6.65 粒/100 m^3、13.23 粒/100 m^3、2.92 粒/100 m^3、6.59 粒/100 m^3；2018 年四大家鱼卵出现天数为 21 d，主要出现在 5 中下旬、6 月下旬和 7 月上旬，高峰期分别出现在 5 月 19 日、5 月 26 日、6 月 20 日、6 月 24 日和 7 月 4 日，密度分别为 20.59 粒/100 m^3、15.37 粒/100 m^3、3.26 粒/100 m^3、9.24 粒/100 m^3、2.15 粒/100 m^3（图 3 - 22）。

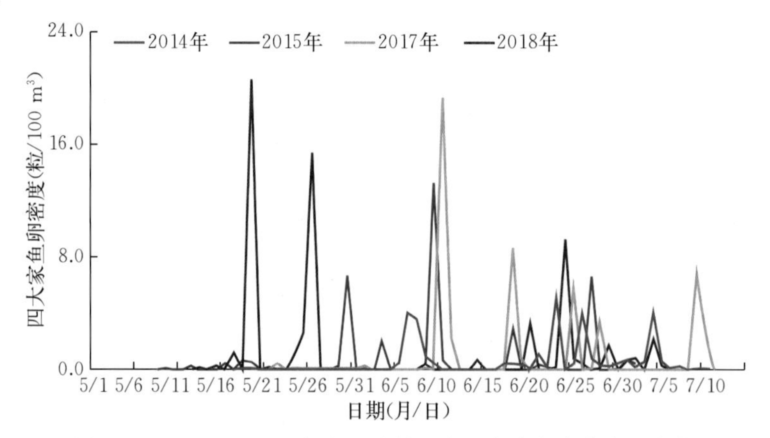

图 3 - 22　2014—2018 年长江宜昌江段四大家鱼卵密度日变化

2014 年，荆州江段调查到的四大家鱼卵出现天数为 14 d，主要出现在 6 月和 7 月中上旬，高峰期分别为 7 月 4 日、7 月 12 日、7 月 16 日，密度分别为 1.61 粒/100 m^3、2.37 粒/100 m^3和 1.68 粒/100 m^3；2015 年四大家鱼卵出现天数为 19 d，主要出现在 5 月中下旬和 6 月，高峰期为 5 月 29 日和 6 月 3 日，密度分别为 1.11 粒/100 m^3 和 2.05 粒/100 m^3（图 3 - 23）。

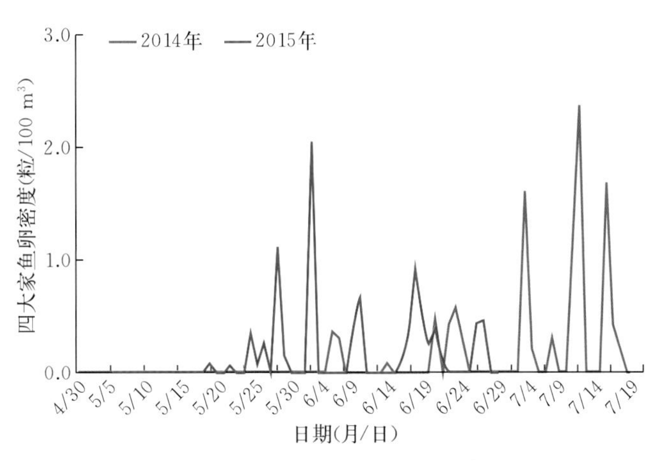

图 3-23　2014 和 2015 年长江荆州江段四大家鱼卵密度日变化

2017 年，石首江段调查到的四大家鱼卵出现天数为 7 d，主要出现在 6 月中下旬，高峰期分别在 6 月 11 日、6 月 21 日、6 月 24 日、7 月 1 日，密度分别为 0.48 粒/100 m³、0.35 粒/100 m³、0.30 粒/100 m³、2.81 粒/100 m³；2018 年四大家鱼卵出现天数为 10 d，主要出现在 5 月中下旬，高峰期在 5 月 17 日、5 月 21 日、5 月 26 日、6 月 25 日，密度分别为 4.86 粒/100 m³、3.21 粒/100 m³、6.16 粒/100 m³、0.24 粒/100 m³（图 3-24）。

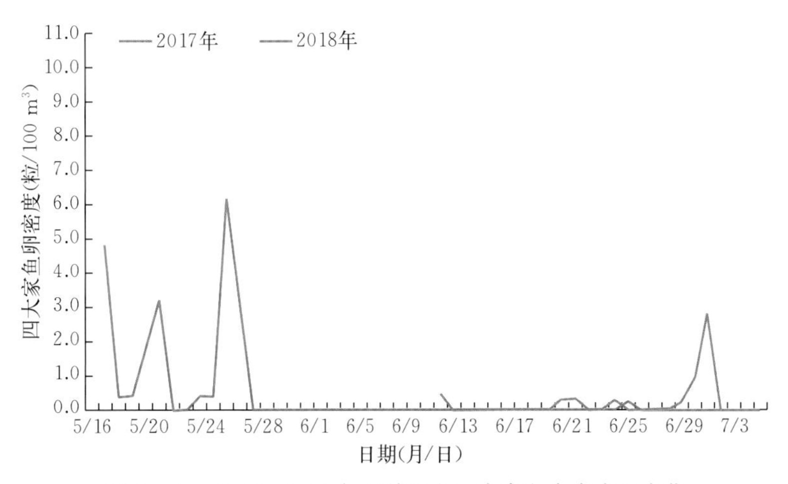

图 3-24　2017—2018 年石首江段四大家鱼卵密度日变化

2014 年，洪湖江段调查到的四大家鱼卵出现天数为 9 d，主要出现在 5 月下旬及 6 月下旬，高峰期分别在 5 月 25—26 日、6 月 23—24 日，密度分别为 0.48 粒/100 m³ 和 0.34 粒/100 m³；2015 年四大家鱼卵出现天数为 9 d，主要出现在 5 月中下旬及 6 月上旬，高峰期在 5 月 12—16 日、5 月 28 日、6 月 9 日，密度为 0.38 粒/100 m³、0.13 粒/100 m³、0.15 粒/100 m³。2016 年四大家鱼卵出现天数为 16 d，主要出现在 5 月下旬及 6 月下旬，高峰期在 5 月 21—23 日、6 月 12—13 日、6 月 28—29 日，密度分别为 0.26 粒/100 m³、0.13 粒/100 m³、0.15 粒/100 m³（图 3-25）。

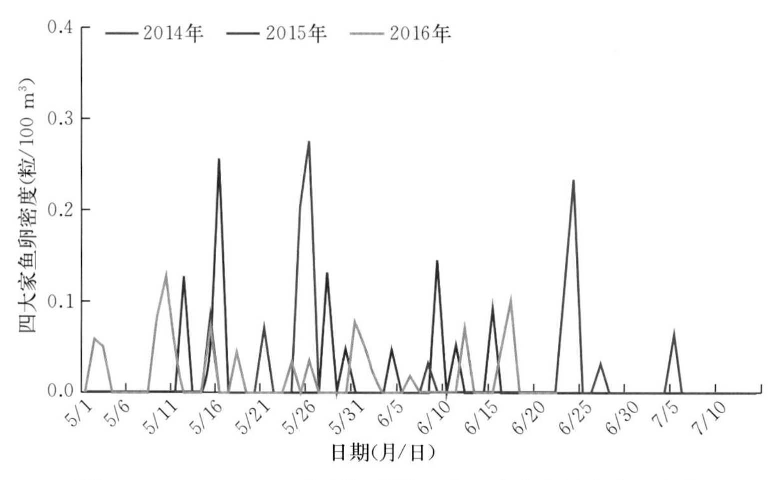

图 3-25 2014—2016 年长江洪湖江段四大家鱼卵密度日变化

三、重要支流

洞庭湖通江水道调查到的四大家鱼产卵日期为 5 月中旬至 6 月中旬，产卵期持续 27 d，产卵高峰期为 6 月中上旬。

湘江营田江段调查到的四大家鱼产卵时间为 5 月上旬，产卵持续时间为 2 d，产卵高峰期为 5 月上旬。

汉江汉川段调查到的四大家鱼产卵日期为 6 月上旬至 7 月上旬，产卵期持续一个月，产卵高峰期为 6 月中下旬。

赣江丰城段调查到的四大家鱼产卵日期为 6 月上旬至 6 月下旬，产卵持续期为 25 d，产卵高峰期均 6 月中上旬（表 3-8）。

表 3-8 重要支流四大家鱼产卵日期

支流	江段	起始时间（年/月/日）	结束时间（年/月/日）	高峰期（月/日）	持续时间（d）
洞庭湖	通江水道	2015/5/16	2015/6/11	6/8—6/11	27
湘江	营田	2016/5/8	2016/5/10	5/8	3
汉江	汉川	2018/6/10	2018/7/9	6/16—6/24	30
赣江	丰城	2017/6/5	2017/6/28	6/13	25
赣江	丰城	2018/6/9	2018/6/10	6/9—6/10	2

2015 年，洞庭湖通江水道调查到的四大家鱼卵出现天数为 6 d，平均密度为 0.38 粒/100 m³，卵密度高峰期出现在 6 月 11 日，为 0.63 粒/100 m³。

2016 年，湘江营田江段调查到的四大家鱼卵出现天数为 2 d，平均密度为 0.42 粒/100 m³，卵密度高峰期出现在 5 月 8 日，为 0.80 粒/100 m³（图 3-26）。

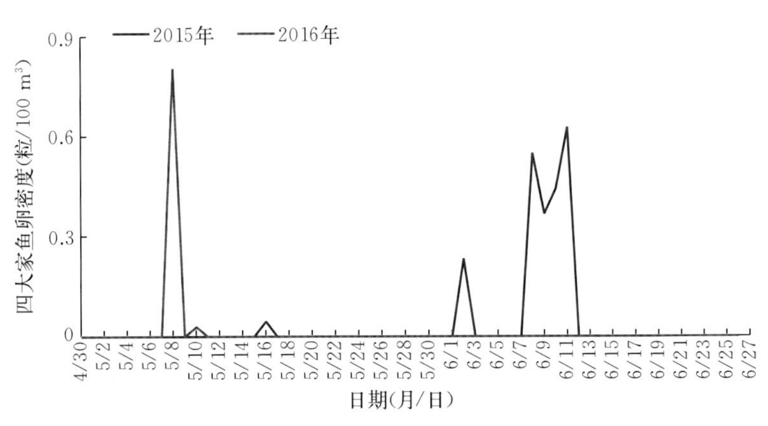

图 3-26 湘江 2015 年洞庭湖通江水道、2016 年营田江段四大家鱼鱼卵密度的日变化

2018 年，汉江汉川段调查到的四大家鱼卵出现天数为 10 d，平均密度为 3.16 粒/100 m³，卵密度高峰期出现在 6 月 24 日，为 11.32 粒/100 m³（图 3-27）。

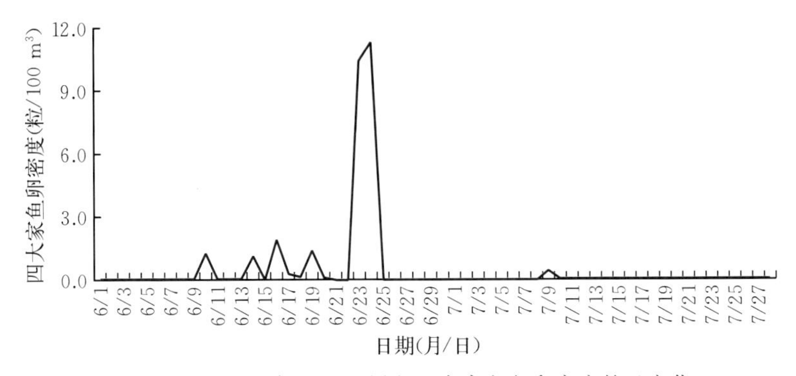

图 3-27 2018 年汉江汉川段四大家鱼鱼卵密度的日变化

2017 年、2018 年，赣江丰城段调查到的四大家鱼卵出现天数分别为 5 d 和 2 d，平均密度分别为 0.43 粒/100 m³、0.24 粒/100 m³，卵密度高峰期分别出现在 6 月 13 日、6 月 10 日，分别为 1.68 粒/100 m³、0.30 粒/100 m³（图 3-28）。

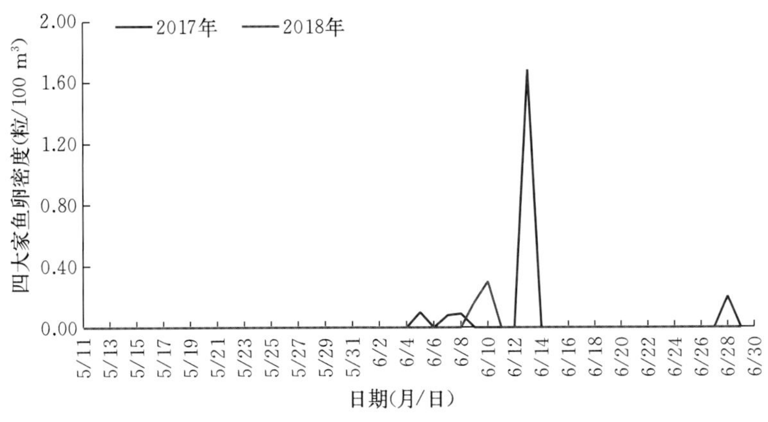

图 3-28 2017—2018 年赣江丰城段四大家鱼鱼卵密度的日变化

第四章 长薄鳅

长薄鳅（*Leptobotia elongata*）为我国特有种，是国家二级水生野生保护动物，也是长江上游特有鱼类，主要分布在长江上游干支流，是个体最大、生长最快的鳅科鱼类，具有极高的观赏和研究价值。

1. 分类及形态

长薄鳅隶属鲤形目、鳅科、沙鳅亚科、薄鳅属。地方名为薄花鳅、红沙鳅钻等。

体延长，腹部圆，头长，口下位，唇厚吻短，眼小，鳞片细小，侧线平直。鳃孔较小，鳃膜在鳃孔下角与颊部相连。背鳍短小无硬刺，胸鳍稍宽末端尖，腹鳍短小，臀鳍短小无硬刺，尾鳍深分叉。活体全身基色为灰白色，背部色深，腹部浅，为黄褐色，头背部和侧面及鳃盖上有许多不规则棕黑色斑点。体上有 5～7 个棕黑色马鞍形宽的横条纹，体侧有不规则的大小斑纹，背鳍、胸鳍、腹鳍和臀鳍有 2～3 列棕黑色斑纹，尾鳍上有 3～6 条不规则斜形黑色斑纹。背鳍条 iv，8；臀鳍条 iii，5；胸鳍条 i，12－14；腹鳍条 i，8。脊椎骨 4＋35－36＋1（图 4－1）。

图 4－1 长薄鳅

2. 地理分布

长薄鳅主要分布在长江干流和金沙江下游，岷江、嘉陵江、沱江、渠江和涪江等水系的中下游，以及西江、闽江、九龙江、汀江、交溪等。

3. 繁殖与生长

长薄鳅产卵季节为每年的4—6月，产卵地点主要在重庆以上江段，卵为漂流性卵。为河流底层鱼类，喜在洞穴或石缝中生活，以底栖小鱼小虾和水生昆虫为食。长薄鳅成熟雌鱼最小体重0.5 kg以上，成熟雄鱼最小体重0.25 kg以上。长薄鳅为体型最大的鳅科鱼类，体长一般200～260 mm，体重250～550 g，最大长达半米，体重3 kg左右。

4. 资源动态

长江上游盛产长薄鳅，以宜宾—重庆江段产量最大。2000年前年均产量可达10 t以上，2000年以后年产量不过2～3 t。支流中以雅砻江和嘉陵江产量最大。20世纪80—90年代各支流长薄鳅年总渔获量5 t左右；90年代以来，各支流产量急剧减少，2004年产量约为1 t。

第一节 产卵场的分布

1. 干流

2014—2018年，长薄鳅产卵场主要分布在长江上游江安和合江2个江段，产卵江段长度约155 km（表4-1）。

2. 重要支流

2015—2017年，长薄鳅产卵场主要分布在岷江的犍为、叙州区、翠屏区3个江段，产卵场江段长度约42 km（表4-2）。

表4-1 2014—2018年长江干流长薄鳅产卵场

序号	产卵场名称	延伸范围	产卵场江段长度（km）	产卵规模（亿粒）					
				2014年	2015年	2016年	2017年	2018年	2014—2018年年均
1	江安	江安县—纳溪区	25	0.62	0	0.24	0.00	0	0.17
2	合江	泸州市—白沙镇	130	0.36	0.53	3.77	0.10	0.2	0.99
合计			155	0.98	0.53	4.01	0.1	0.2	1.16

表4-2 2015—2017年重要支流长薄鳅产卵场

序号	支流	产卵场名称	延伸范围	产卵场江段长度（km）	产卵规模（亿粒）			
					2015年	2016年	2017年	2015—2017年年均
1	岷江	犍为	孝姑镇—新民镇	19	0	0.61	0.00	0.20
2	岷江	叙州区	泥溪镇—蕨溪镇	15	0.04	0.77	0.00	0.27
3	岷江	翠屏区	高场镇—喜捷镇	8	0	0.65	0.00	0.22
合计				42	0.04	2.13	0.00	0.72

第二节　产卵场的规模

一、产卵场的规模

1. 干流

调查期间，长江上游干流江段长薄鳅产卵场的年均产卵规模为 1.16 亿粒，产卵规模较大的（>0.5 亿粒）仅有合江江段，年均产卵规模为 0.99 亿粒。

2. 重要支流

调查期间，岷江长薄鳅产卵场的年均产卵规模合计为 0.72 亿粒，产卵规模均小于 0.5 亿粒。

二、产卵规模的变化

合江产卵场近 5 年产卵规模在 0.1 亿～3.8 亿粒间波动，其中以 2016 年产卵规模最大，是长江干流产卵规模最大的长薄鳅产卵场（图 4－2）。

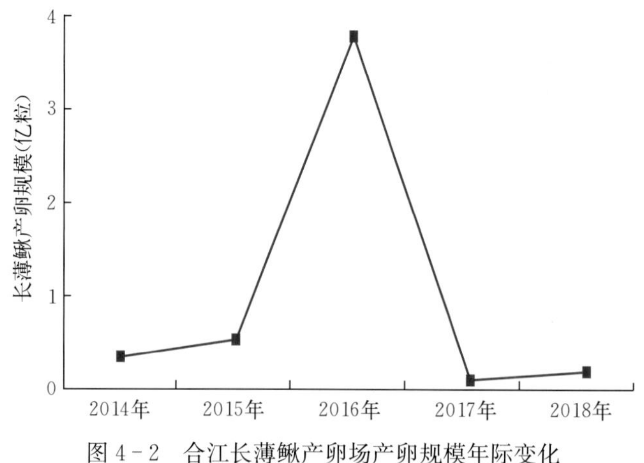

图 4－2　合江长薄鳅产卵场产卵规模年际变化

第三节　产卵场特别保护期

一、干流上游

攀枝花江段调查到的长薄鳅产卵期为 6 月下旬至 7 月中旬，调查期间产卵期持续 21 d，产卵高峰期为 6 月下旬、7 月中上旬。

巧家江段调查到的长薄鳅产卵期为 6 月中旬至 7 月中旬，产卵期持续 30 d，产卵高峰期为6 月中下旬、7 月上旬。

泸州江段调查到的长薄鳅产卵期为 6 月下旬至 7 月中旬，产卵期持续 12 d，产卵高峰期为7月上旬。

江津江段调查到的长薄鳅产卵期为6月上旬至7月下旬，产卵期持续37 d，产卵高峰期为6月中下旬、7月中上旬（表4-3）。

表4-3 长江上游长薄鳅产卵日期

江段	起始时间（年/月/日）	结束时间（年/月/日）	高峰期（月/日）	持续时间（d）
攀枝花	2016/6/24	2016/6/28	6/24、6/28	2
攀枝花	2017/7/3	2017/7/20	7/3	1
攀枝花	2018/6/27	2017/7/18	7/9、7/14	2
巧家	2017/6/23	2017/7/7	6/23—6/27、7/5—7/7	15
巧家	2018/6/15	2018/7/14	6/18—6/22、6/28—6/30、7/8—7/11、7/14	30
泸州	2018/6/30	2018/7/4	7/4	12
江津	2014/7/4	2014/7/13	7/10、7/12	10
江津	2015/7/1	2015/7/19	7/1—7/2、7/9、7/19	19
江津	2016/6/8	2016/7/14	6/22、6/24、7/7、7/11、7/13—7/14	37
江津	2017/6/20	2017/7/12	7/9	17
江津	2018/6/28	2018/6/30	6/30	3

2016年，攀枝花江段调查到的长薄鳅鱼卵出现天数为2 d，主要出现在6月下旬，高峰期分别在6月24日、6月28日，密度分别为0.34粒/100 m^3和0.21粒/100 m^3；2017年长薄鳅鱼卵出现天数为10 d，主要出现在7月上旬，高峰期在7月3日，密度为0.72粒/100 m^3；2018年长薄鳅鱼卵出现天数为9 d，主要出现在7月中上旬，高峰期在7月9日和7月14日，密度分别为0.63粒/100 m^3和0.31粒/100 m^3（图4-3）。

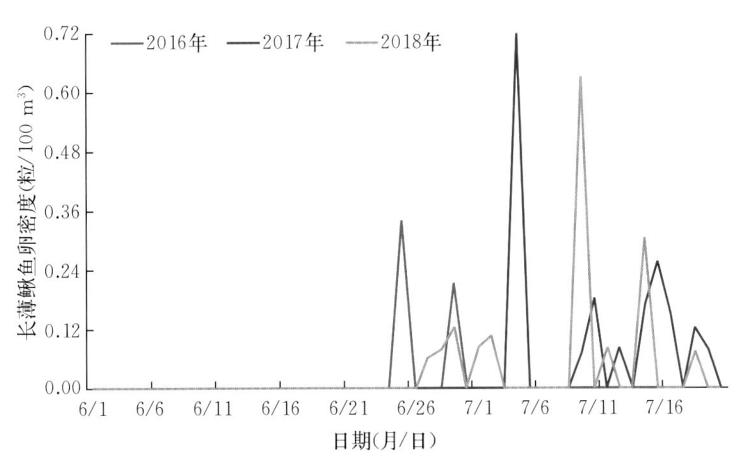

图4-3 2016—2018年金沙江攀枝花段长薄鳅鱼卵密度日变化

2017年，巧家江段调查到的长薄鳅卵出现天数为7 d，主要出现在6月下旬及7月上旬，高峰期分别在6月23—27日、7月5—7日，密度分别为1.33粒/100 m^3和0.52粒/100 m^3；2018年长薄鳅卵出现天数为24 d，主要出现在6月中下旬及7月中下旬，高峰期分别在

6 月 18—22 日、6 月 28—30 日、7 月 8—11 日、7 月 14 日，密度分别为 1.88 粒/100 m^3、1.37 粒/100 m^3、1.37 粒/100 m^3、1.09 粒/100 m^3（图 4 - 4）。

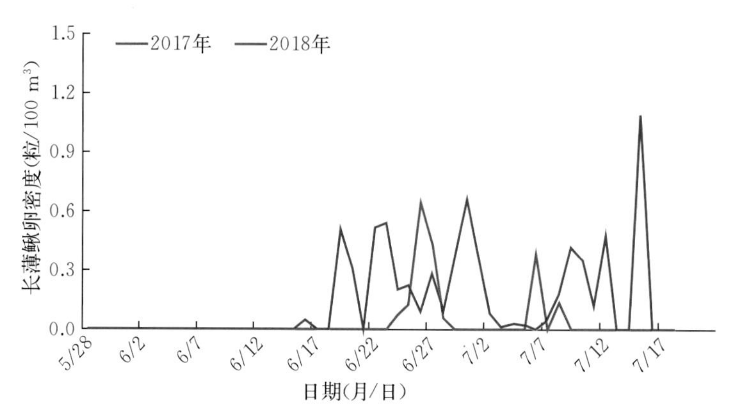

图 4 - 4　2017 和 2018 年长江巧家段长薄鳅卵密度日变化

2018 年，泸州江段调查到的长薄鳅鱼卵出现天数为 12 d，主要出现在 6 月下旬和7 月中上旬，高峰期在 7 月 4 日，密度为 0.74 粒/100 m^3（图 4 - 5）。

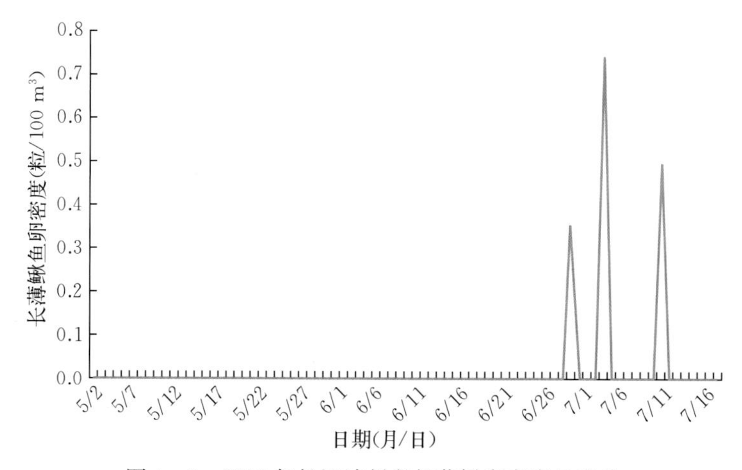

图 4 - 5　2018 年长江泸州段长薄鳅卵密度日变化

2014 年，江津江段调查到的长薄鳅卵出现天数为 6 d，主要出现在 7 月中上旬，高峰期分别在7 月10 日、7 月 12 日，密度分别为 1.34 粒/100 m^3 和 3.05 粒/100 m^3；2015 年长薄鳅卵出现天数为 6 d，主要出现在 7 月上旬，高峰期分别在 7 月 1—2 日、7 月 9 日、7 月 19 日，密度分别为 1.31 粒/100 m^3、0.76 粒/100 m^3、1.10 粒/100 m^3；2016 年江津江段长薄鳅卵出现天数为 37 d，主要出现在 6 月中下旬及 7 月上旬，高峰期分别在 6 月 22 日、6 月 24 日、7 月 7 日、7 月 11 日、7 月 13—14 日，密度分别为 1.20 粒/100 m^3、1.93 粒/100 m^3、6.68 粒/100 m^3、12.84 粒/100 m^3、11.04 粒/100 m^3；2017 年江津江段长薄鳅卵出现天数为 5 d，主要出现在 6 月下旬及 7 月上旬，高峰期在 7 月 9 日，密度为 0.74 粒/100 m^3；2018 年江津江段长薄鳅卵出现天数为 3 d，主要出现在 6 月下旬，高峰期在 6 月 30 日，密度为 0.87 粒/100 m^3（图 4 - 6）。

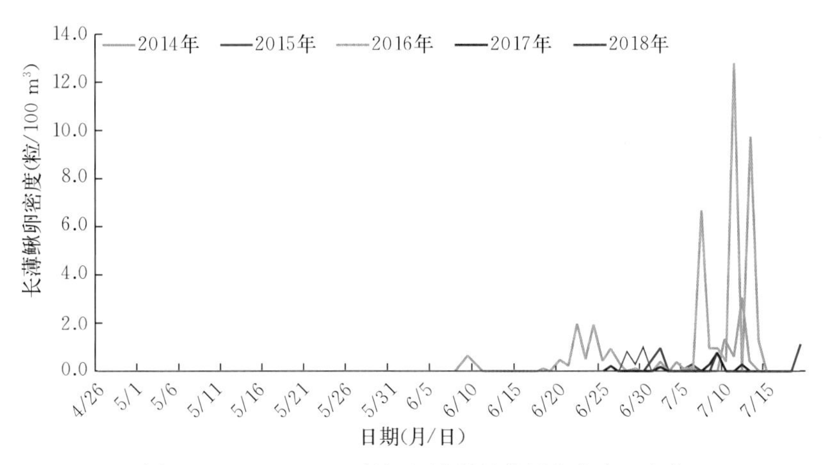

图 4-6 2014—2018 长江江津段长薄鳅卵密度日变化

二、重要支流

雅砻江攀枝花江段调查到的长薄鳅产卵日期为 7 月 8 日和 7 月 19 日，产卵期持续 2 d。

岷江宜宾段调查到的长薄鳅产卵日期为 7 月中上旬，产卵期持续 7 d，产卵高峰期为 7 月10 日和 7 月 12 日。

赤水市江段调查到的长薄鳅产卵日期为 6 月下旬，产卵期持续 2 d（表 4-4）。

表 4-4 重要支流上游长薄鳅产卵日期

支流	江段	起始时间（年/月/日）	结束时间（年/月/日）	高峰期（月/日）	持续时间（d）
雅砻江	攀枝花	2017/7/8	2017/7/19	/	2
岷江	宜宾	2016/7/6	2016/7/12	7/10、7/12	7
赤水河	赤水市	2016/6/22	2016/6/23	6/22	2

2017 年，雅砻江攀枝花江段调查到的长薄鳅鱼卵出现天数为 2 d，出现在 7 月 8 日和 7 月 19 日，密度分别为 0.07 粒/100 m^3 和 0.06 粒/100 m^3（图 4-7）。

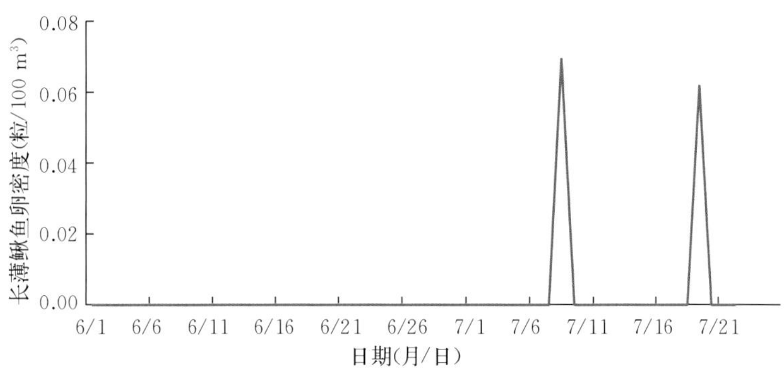

图 4-7 2017 年雅砻江攀枝花段长薄鳅鱼卵密度日变化

2016年，岷江宜宾段调查到的长薄鳅鱼卵出现天数为7 d，主要出现在7月中上旬，高峰期分别在7月10日、7月12日，密度分别为36.36粒/100 m³和16.02粒/100 m³（图4-8）。

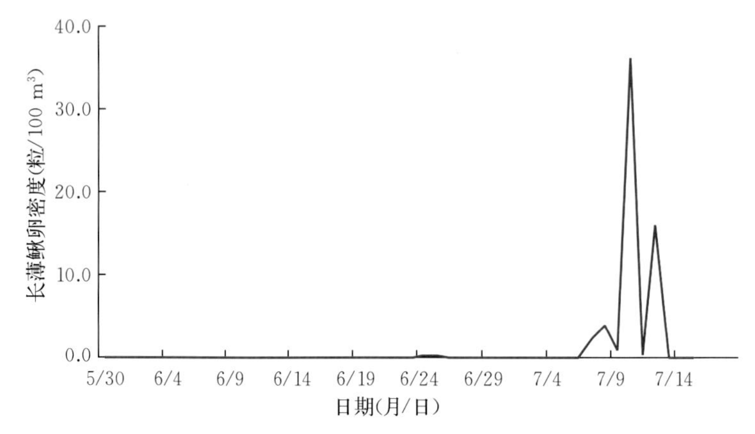

图4-8　2016年长江岷江宜宾江段长薄鳅卵密度日变化

2016年，赤水河江段调查到的长薄鳅鱼卵出现天数为2 d，主要出现在6月下旬，产卵时间为6月22—23日，密度为1.25粒/100 m³（图4-9）。

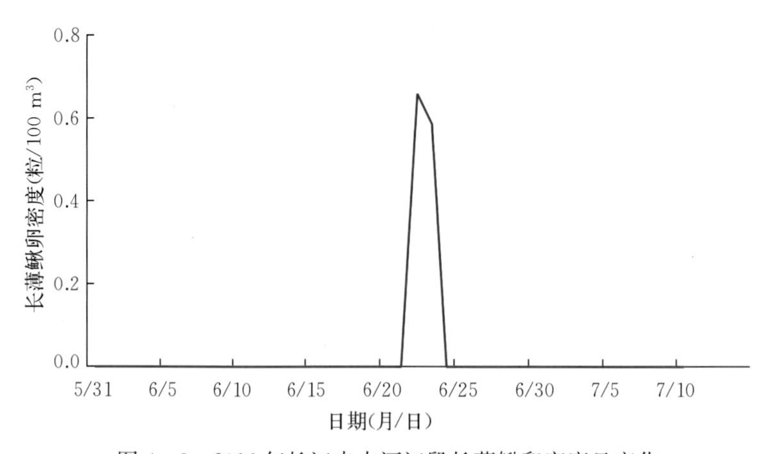

图4-9　2016年长江赤水河江段长薄鳅卵密度日变化

第五章　圆口铜鱼

圆口铜鱼（*Coreius guichenoti*）是国家二级水生野生保护动物，也是长江上游特有鱼类和主要经济鱼类。主要分布于长江上游干支流，目前圆口铜鱼资源已经枯竭。

1. 分类及形态

圆口铜鱼隶属鲤形目、鲤科、鮈亚科、铜鱼属。地方名为水密子、方头、肥沱、麻花鱼等。

体长，前部圆筒状，后部稍侧扁，头小，口下位，吻宽圆，眼甚小，具须一对。鳞较小，侧线极平直。背鳍较短，无硬刺，胸鳍宽大，特别延长，尾鳍宽阔分叉。活体呈黄铜色，体侧有时呈肉红色，腹部白色带黄。背鳍灰黑色略带黄色，胸鳍肉红色，基部黄色，腹鳍臀鳍黄色，微带肉红，尾鳍金黄，边缘黑色。背鳍条 iii，7；臀鳍条 iii，6；胸鳍条 i，18－20；腹鳍条 i，7。下咽齿 1 行，5－5。脊椎骨 4＋49－50（图 5－1）。

图 5－1　圆口铜鱼

2. 地理分布

圆口铜鱼分布于长江上游和金沙江下游以及岷江、嘉陵江、乌江等支流下游。

3. 繁殖与生长

圆口铜鱼性成熟的年龄是2～3龄，生殖季节一般在4月下旬至7月上旬，而以5月至6月初较为集中。雌鱼怀卵量13 000～40 300粒。产卵场水流湍急，流态极其复杂。卵为漂流性卵。圆口铜鱼属底层鱼类，食性杂，以水生昆虫、软体动物、植物碎片、鱼卵、鱼苗等为食。常见个体以0.5～1 kg为多，最大可达3.5～4 kg。5龄以前的圆口铜鱼都是在持续地生长，特别是2龄以后的鱼生长速度比较快。

4. 资源动态

金沙江梯级水电开发前，部分江段渔获物组成中圆口铜鱼比例曾高达40%。随着长江上游干支流梯级水电的开发，其比例不断降低，2011年向家坝截流后，金沙江下游圆口铜鱼产卵场完全消失，仅在金沙江攀枝花江段和雅砻江下游还残存部分产卵场，资源量出现了明显下降。2013年溪洛渡水电站和官地水电站建成后，这些残存的产卵场几乎消失殆尽。2015年后，圆口铜鱼已经成为偶见种。

第一节　产卵场的分布

1. 干流

调查期间，圆口铜鱼产卵场主要分布在长江上游金沙江会东江段，产卵场江段约71 km。

2. 重要支流

调查期间，在雅砻江、岷江、赤水河、湘江、汉江和赣江6个重要支流中未调查到圆口铜鱼产卵场。

第二节　产卵场的规模

2017—2018年，长江上游会东江段圆口铜鱼产卵场的年均产卵规模为348万粒，其中2017年39万粒，2018年656万粒（表5-1）。

表5-1　2017—2018年金沙江圆口铜鱼产卵场

产卵场名称	延伸范围	产卵场江段长度（km）	产卵规模（万粒）		
			2017年	2018年	2017—2018年年均
会东	乌东德镇—拖布卡镇	51	39	656	348

第三节　产卵场特别保护期

长江上游巧家江段调查到的圆口铜鱼产卵日期为5月下旬至7月上旬，产卵期持续43 d，产卵高峰期为5月下旬、6月中上旬（表5-2）。

表 5-2 长江上游圆口铜鱼产卵日期

江段	起始时间（年/月/日）	结束时间（年/月/日）	高峰期（月/日）	持续时间（d）
巧家	2017/6/3	2017/6/26	6/3、6/5—6/7、6/9、6/13	24
	2018/5/29	2018/7/10	5/29、6/3	43

2017 年，巧家江段调查到的圆口铜鱼卵出现天数为 10 d，主要出现在 6 月中上旬，高峰期分别在 6 月 3 日、6 月 5—7 日、6 月 9 日、6 月 13 日，密度分别为 0.35 粒/100 m^3 和 0.70 粒/100 m^3、0.38 粒/100 m^3、0.43 粒/100 m^3；2018 年圆口铜鱼卵出现天数为 37 d，主要出现在 5 月下旬及 6 月中旬，高峰期在 5 月 29 日至 6 月 3 日，密度为 0.69 粒/100 m^3（图 5-2）。

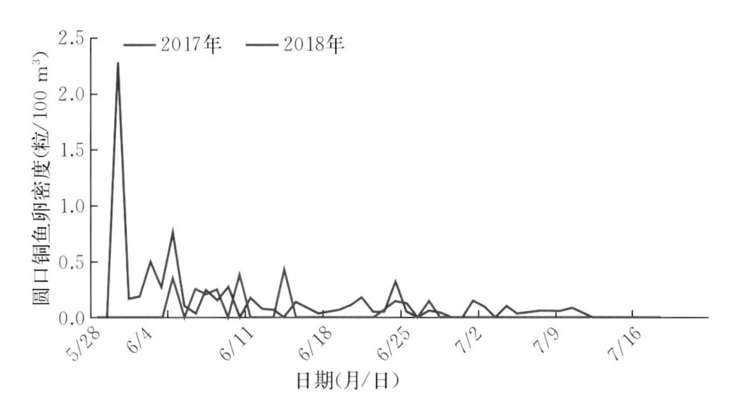

图 5-2 2017 和 2018 年长江巧家江段圆口铜鱼卵密度日变化

第六章　铜　鱼

铜鱼（*Coreius heterodon*）是长江上游重要经济鱼类。分布于长江干支流及附属通江湖泊，为半洄游性淡水鱼类。目前资源已经严重衰退。

1. 分类及形态

铜鱼隶属鲤形目、鲤科、鮈亚科、铜鱼属。地方名为尖头、尖头棒、尖头水鼻子等。

体长，前段圆筒状，后段稍侧扁，头小近锥形。口下位，吻尖，眼甚小，口角具须一对。体被圆鳞，较小，侧线极为平直。背鳍短小，无硬刺，胸鳍宽，腹鳍略圆，尾鳍宽阔分叉不深。活体体黄色，背部稍深，近古铜色，腹部白色略带黄。体上侧常具多数浅灰黑的小斑点，各鳍浅灰，边缘浅黄色。背鳍条 iii，7－8；臀鳍条 iii，6；胸鳍条 i，18－19；腹鳍条 i，7。下咽齿 1 行，5－5。脊椎骨 4＋48－50（图 6－1）。

图 6－1　铜　鱼

2. 地理分布

铜鱼分布于长江干支流及附属通江湖泊，包括金沙江、岷江、嘉陵江、乌江、靖江、汉江等支流，以及洞庭湖、鄱阳湖等。尤以长江上游水域数量较多。

3. 繁殖与生长

铜鱼第一次性成熟的年龄是 2～3 龄，繁殖季节一般在 4 月中旬至 6 月下旬。卵为漂流性卵。是以动物性食料为主的杂食性底栖性鱼类，纹沼螺和淡水壳菜等水生软体动物是铜鱼的主要食料。铜鱼5龄鱼体长可达53 cm，体重可达2.1 kg，生长速度比较快，尤以1龄生长最快，4～5龄鱼体长体重的生长比较均匀，5龄以上的个体生长缓慢。

4. 资源动态

20世纪60年代，长江上游铜鱼曾占到渔获物的40%以上；70年代，铜鱼在宜宾干流江段约占19%，在宜昌至重庆江段占30%～50%，在嘉陵江下游约占25.2%，在汉江约占16%。2000年后嘉陵江和汉江渔获物中已经很难见到铜鱼。2007—2009年江津江段流刺网渔获物中铜鱼约占11.8%，百袋网渔获物中约占1.1%，渔获物比例明显下降，资源呈衰退趋势。

第一节　产卵场的分布

1. 干流

调查期间，铜鱼的产卵场主要分布在上游合江县江段，产卵场江段长度约33 km。

2. 重要支流

调查期间，雅砻江、岷江、赤水河、湘江、汉江和赣江6个重要支流中未调查到铜鱼产卵场。

第二节　产卵场的规模

一、产卵场的规模

长江中上游合江县江段铜鱼产卵场的年均产卵规模为0.57亿粒。

二、产卵规模的变化

合江产卵场近5年产卵规模在0.5亿～0.8亿粒间波动，其中以2014年产卵规模最大，是长江产卵规模最大的产卵场（图6-2）。

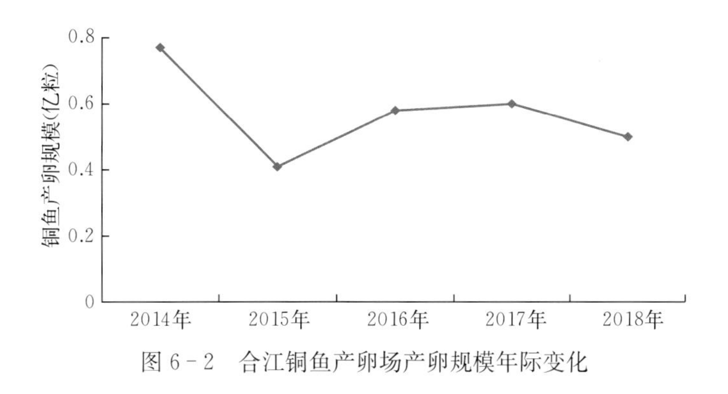

图6-2　合江铜鱼产卵场产卵规模年际变化

第三节 产卵场特别保护期

江津江段调查到的铜鱼产卵日期为 5 月上旬至 7 月中旬，产卵期持续 77 d，产卵高峰期为 6 月上中下旬（表 6 - 1）。

表 6 - 1 长江上游铜鱼产卵日期

江段	起始时间（年/月/日）	结束时间（年/月/日）	高峰期（月/日）	持续时间（d）
江津	2014/5/6	2014/7/5	6/2、6/4—6/5、6/8—6/9、6/20	61
江津	2015/5/10	2015/7/13	6/9	65
江津	2016/5/15	2016/7/6	5/27、6/9—6/10、6/23	53
江津	2017/5/1	2017/7/16	5/1、6/11、6/22、6/30	53
江津	2018/5/17	2018/6/25	5/23—5/25、6/12—6/14、6/21、6/25	77

2014 年，江津江段调查到的铜鱼卵出现天数为 24 d，主要出现在 6 月上中下旬，高峰期分别在 6 月 2 日、6 月 4—5 日、6 月 8—9 日、6 月 20 日，密度分别为 2.20 粒/100 m^3、4.63 粒/100 m^3、4.15 粒/100 m^3、1.01 粒/100 m^3；2015 年铜鱼卵出现天数为 22 d，主要出现在 6 月上下旬，高峰期在 6 月 9 日，密度为 2.43 粒/100 m^3；2016 年江津江段铜鱼卵出现天数为 29 d，主要出现在 6 月上中下旬，高峰期分别在 5 月 27 日、6 月 9—10 日、6 月 23 日，密度分别为 1.31 粒/100 m^3、1.72 粒/100 m^3 和 0.73 粒/100 m^3；2017 年江津江段铜鱼卵出现天数为 19 d，主要出现在 6 月中下旬至 7 月中上旬，高峰期分别在 5 月 1 日、6 月 11 日、6 月 22 日、6 月 30 日，密度分别为 0.78 粒/100 m^3、0.78 粒/100 m^3、1.23 粒/100 m^3、1.05 粒/100 m^3；2018 年江津江段铜鱼卵出现天数为 15 d，主要出现在 5 月中下旬、6 月中下旬，高峰期分别在 5 月 23—25 日、6 月 12—14 日、6 月 21 日、6 月 25 日，密度分别为 2.78 粒/100 m^3、2.07 粒/100 m^3、0.73 粒/100 m^3、1.30 粒/100 m^3（图 6 - 3）。

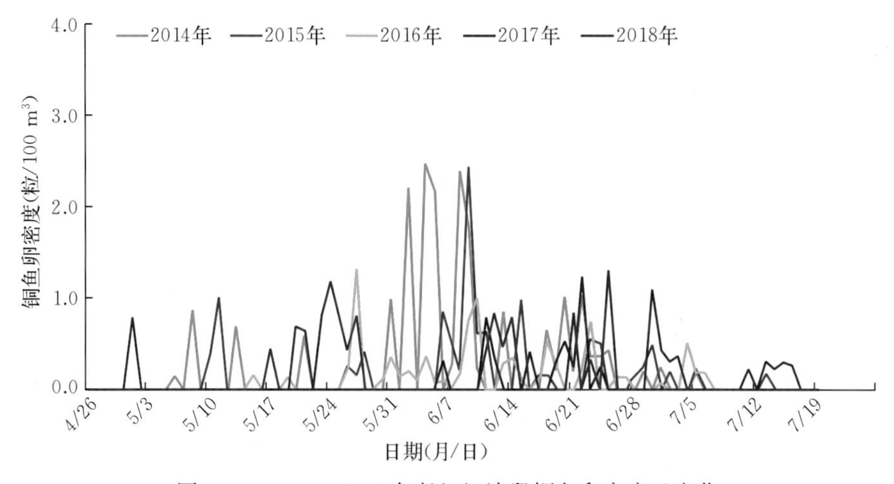

图 6 - 3 2014—2018 年长江江津段铜鱼卵密度日变化

第七章 鳊

鳊（*Parabramis*）是长江中游重要经济鱼类。广泛分布于我国中东部各大水系，为半洄游性淡水鱼类。

1. 分类及形态

鳊隶属鲤形目、鲤科、鲌亚科、鳊属。鳊地方名为长春鳊、长身鳊、鳊花等。体高侧扁呈长菱形，头小，口端位，吻短，眼中大。鳃盖膜与峡部相连。鳞中大，侧线较平直。背鳍末根不分枝，鳍条为硬刺，胸鳍尖形，臀鳍长，外缘微凹，尾鳍深叉。活体背侧青灰色，腹侧银白色，鳍呈灰色。背鳍条 iii，7；臀鳍条 iii，27－30；胸鳍条 i，14－16；腹鳍条 ii，8。下咽齿 3 行，2（1）3·4（5）-5（4）3·2。脊椎骨 4+41（图 7－1）。

图 7－1 鳊

2. 地理分布

鳊为广分布性种类，分布于珠江、海南岛各水系、闽江、钱塘江、长江、淮河、黄河、辽河、鸭绿江、黑龙江等，国外见于朝鲜及俄罗斯（陈宜瑜，1998）。

3. 繁殖与生长

长江流域鳊性成熟年龄为 2 龄，繁殖季节从 4 月下旬起一直延续到 8 月下旬，盛期在

6—7 月。产卵活动需要在流水环境中完成。卵为漂流性卵。鳊为草食性中下层鱼类，主要食物有水生维管束植物、硅藻、丝状藻、周从生物等，亦食少量轮虫、枝角类和水生昆虫。鳊生长速度较缓慢而平稳。最大个体可达 2 kg。

4. 资源动态

鳊是长江中游及附属湖泊的主要经济鱼类。葛洲坝建坝前，宜昌江段渔获物鳊重量比约占 14.38%；建坝后，渔获物重量占比下降到 0.68%。2001—2003 年，鳊已不属于长江中游渔获物主要经济鱼类；三峡大坝蓄水后，长江中游宜昌至城陵矶江段渔获物重量比回升至 6.33%。2003—2006 年，长江中游宜昌至城陵矶江段鳊产卵总规模为 2 416 万粒，其中最大规模（2003 年）为 1 213 万粒，最小规模（2005 年）为 327 万粒。2008 年，长江中游武穴江段鳊仔鱼径流量为 25.2 亿粒。

第一节　产卵场的分布

1. 干流

2014—2018 年，鳊产卵场主要分布在长江中游宜昌、宜昌、枝江、江陵、石首、监利、君山、云溪、洪湖、团风和鄂州 11 个江段，产卵场江段长度约 186 km（表 7－1）。

2. 重要支流

2015—2018 年，鳊产卵场主要分布在湘江汨罗江段，产卵场江段长度约 20 km。其他支流未发现具有一定规模（>0.1 亿粒）的鳊产卵场（表 7－2）。

表 7－1　2014—2018 年长江干流鳊产卵场

序号	产卵场名称	延伸范围	产卵场江段长度（km）	产卵规模（亿粒）					
				2014 年	2015 年	2016 年	2017 年	2018 年	2014—2018 年年均
1	宜昌	宜昌—宜昌	40	3.52	1.38	未调查	3.15	0.28	2.08
2	宜昌	枝城镇下	9	1.66	0	未调查	未调查	未调查	0.83
3	枝江	百里洲镇—涴市镇	31	1.39	1.01	未调查	未调查	未调查	1.20
4	江陵	杨家厂镇—普济镇	7	0	0	0.00	0.62	1.25	0.37
5	石首	石首上下	10	0	0	0.00	0.47	0.24	0.14
6	监利	塔市驿镇—监利	5	0	0.46	0.00	0.02	0.63	0.22
7	君山	城陵矶上	11	0	0.35	0.13	未调查	未调查	0.16
8	云溪	白螺镇—螺山镇	17	0.17	0.8	0.98	未调查	未调查	0.65
9	洪湖	洪湖市—陆溪镇	21	1.22	0.59	1.41	未调查	未调查	1.07
10	团风	团风罗霍洲—黄冈市	20	未调查	0.86	0.91	0.00	未调查	0.59
11	鄂州	燕矶镇—杨叶镇	15	未调查	0.49	0.97	0.00	未调查	0.49
	合计		186	7.96	5.94	4.4	4.26	2.4	7.8

表 7-2　2015—2018 年重要支流鳊产卵场

支流	产卵场名称	延伸范围	产卵场江段长度（km）	产卵规模（亿粒）				
				2015 年	2016 年	2017 年	2018 年	2015—2018 年年均
湘江	汨罗	陡沙坡—琴棋乡	20	1.6	未调查	未调查	未调查	1.60

第二节　产卵场的规模

一、产卵场的规模

1. 干流

调查期间，长江中上游干流江段鳊产卵场的年均产卵规模为 7.81 亿粒。产卵规模较大的（>0.5 亿粒）有宜昌、枝江、洪湖白螺镇、洪湖和团风 5 个江段，年均产卵规模分别为 2.08 亿粒、1.20 亿粒、0.65 亿粒、1.07 亿粒和 0.59 亿粒。

2. 重要支流

调查期间，湘江汨罗琴棋乡段鳊产卵场的年均产卵规模合计为 1.60 亿粒。

二、产卵规模的变化

宜昌产卵场是长江流域产卵规模最大的产卵场，近年产卵规模在 0.3 亿～3.5 亿粒间波动，以 2014 年产卵规模最大，2018 年产卵规模最小（图 7-2）。

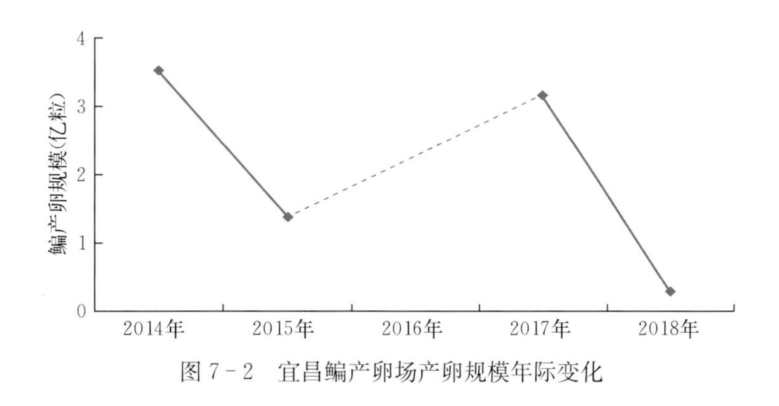

图 7-2　宜昌鳊产卵场产卵规模年际变化

第三节　产卵场特别保护期

一、干流中游

宜昌江段调查到的鳊产卵日期为 6 月下旬至 7 月上旬，产卵期持续 22 d，产卵高峰期为 6 月下旬、7 月上旬。

荆州江段调查到的鳊产卵日期为 5 月上旬至 7 月中旬，产卵期持续 75 d，产卵高峰期为 6 月下旬、7 月中上旬。

石首江段调查到的鳊鱼产卵日期为 5 月中下旬至 7 月上旬，产卵期持续 57 d，产卵高峰期为 6 月中下旬。

监利江段调查到的鳊产卵日期为 5 月下旬至 6 月下旬，产卵期持续 56 d，产卵高峰期为 5 月下旬、6 月下旬。

洪湖江段调查到的鳊产卵日期为 5 月上旬至 7 月上旬，产卵期持续 69 d，产卵高峰期为5 月下旬、6 月中下旬、7 月上旬（表 7－3）。

表 7－3　长江中游鳊鱼产卵日期

江段	起始时间（年/月/日）	结束时间（年/月/日）	高峰期（月/日）	持续时间（d）
宜昌	2014/6/19	2014/7/4	6/4	16
宜昌	2015/6/27	2015/7/2	6/27	6
宜昌	2017/6/19	2017/7/10	6/25、6/28—6/29、7/10	16
宜昌	2018/6/20	2018/7/5	6/24—6/25	16
荆州	2014/5/3	2014/7/16	6/23、7/4、7/12、7/16	75
石首	2017/6/15	2017/7/2	6/19、6/26、6/29、7/1	18
石首	2018/5/19	2018/6/26	5/26、6/25	39
监利	2015/6/11	2015/6/28	6/11、6/19、6/28	18
监利	2017/6/10	2017/6/11	6/10—6/11	2
监利	2018/5/21	2018/6/25	5/21、5/27、6/21、6/25	36
洪湖	2014/5/23	2014/7/7	5/26、5/30、7/1、7/6	46
洪湖	2015/5/3	2015/7/10	5/5、5/12、5/16、6/10、6/22	69
洪湖	2016/5/13	2016/7/3	6/2、6/24、6/28、7/1	52

2014 年，宜昌江段调查到的鳊卵出现天数为 6 d，主要出现在 6 月下旬以及 7 月上旬，高峰期出现在 7 月 4 日，密度为 10.88 粒/100 m^3；2015 年鳊卵出现天数为 2 d，出现在 6 月 27 日和 7 月 2 日，高峰期出现在 6 月 27 日，密度为 4.48 粒/100 m^3；2017 年鳊卵出现天数为 5 d，主要出现在 6 月，高峰期分别出现在 6 月 25 日、6 月 28—29 日、7 月 10 日，密度分别为 5.78 粒/100 m^3、3.07 粒/100 m^3、6.82 粒/100 m^3；2018 年鳊卵出现天数 7 d，主要出现在 6 月下旬和 7 月上旬，高峰期出现在 6 月 24—25 日，密度为 0.37 粒/100 m^3（图 7－3）。

2014 年，荆州江段调查到的鳊鱼卵出现天数为 8 d，主要出现在 5 月上旬、6 月下旬和 7 月中上旬，高峰期分别在 6 月 23 日、7 月 4 日、7 月 12 日、7 月 16 日，密度分别为 2.67 粒/100 m^3、4.28 粒/100 m^3、6.91 粒/100 m^3 和 4.55 粒/100 m^3（图 7－4）。

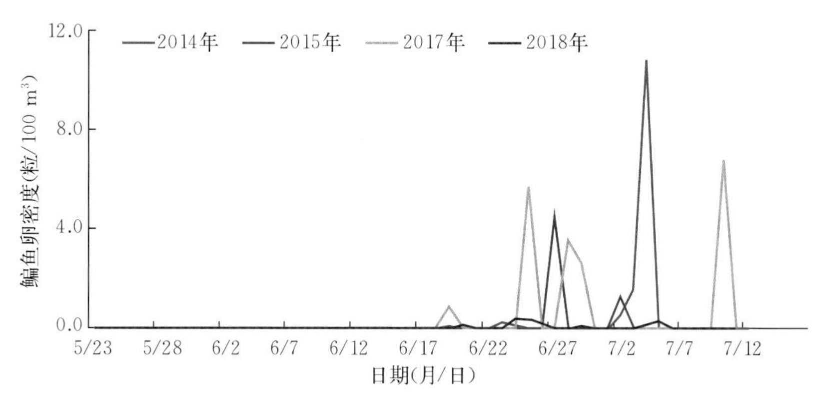

图 7-3　2014、2015、2017、2018 年长江宜昌江段鳊卵密度日变化

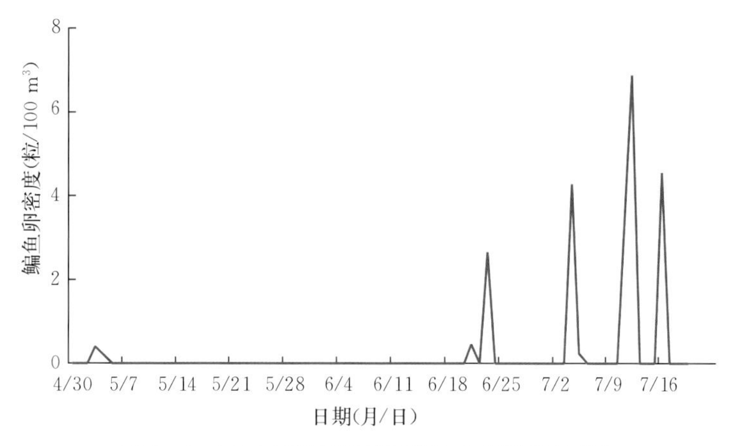

图 7-4　2014 年长江荆州江段鳊鱼卵密度日变化

2017 年，石首江段调查到的鳊鱼卵出现天数为 17 d，主要出现在 6 月中下旬，高峰期分别在 6 月 19 日、6 月 26 日、6 月 29 日、7 月 1 日，密度分别为 10.76 粒/100 m^3、2.70 粒/100 m^3、6.10 粒/100 m^3 和 6.55 粒/100 m^3；2018 年鳊鱼卵出现天数为 11 d，主要出现在 5 月下旬和 6 月下旬，高峰期在 5 月 26 日、6 月 25 日，密度分别为 3.08 粒/100 m^3 和 9.36 粒/100 m^3（图 7-5）。

2015 年，监利江段调查到的鳊鱼卵出现天数为 3 d，主要出现在 6 月中下旬，高峰期分别在 6 月 11 日、6 月 19 日、6 月 28 日，密度分别为 0.37 粒/100 m^3、0.86 粒/100 m^3、1.64 粒/100 m^3；2017 年鳊鱼卵出现天数为 2 d，主要出现在 6 月上旬，高峰期在 6 月 10—11 日，密度为 1.85 粒/100 m^3。2018 年鳊鱼卵出现天数 11 d，主要出现在 5 月下旬和 6 月下旬，高峰期分别在 5 月 26—28 日、6 月 21—23 日、6 月 25 日，密度分别为 3.55 粒/100 m^3、1.27 粒/100 m^3、0.38 粒/100 m^3（图 7-6）。

2014 年，洪湖江段调查到的鳊鱼卵出现天数为 11 d，主要出现在 5 月下旬及 7 月上旬，高峰期分别在 5 月 26 日、5 月 30 日、7 月 1 日、7 月 6 日，密度分别为 1.07 粒/100 m^3、2.28 粒/100 m^3、2.91 粒/100 m^3、2.53 粒/100 m^3；2015 年鳊鱼卵出现天数为 49 d，主要出现在 5 月上中旬及 6 月中旬，高峰期在 5 月 5 日、5 月 12 日、5 月 16 日、6 月 10 日、6 月

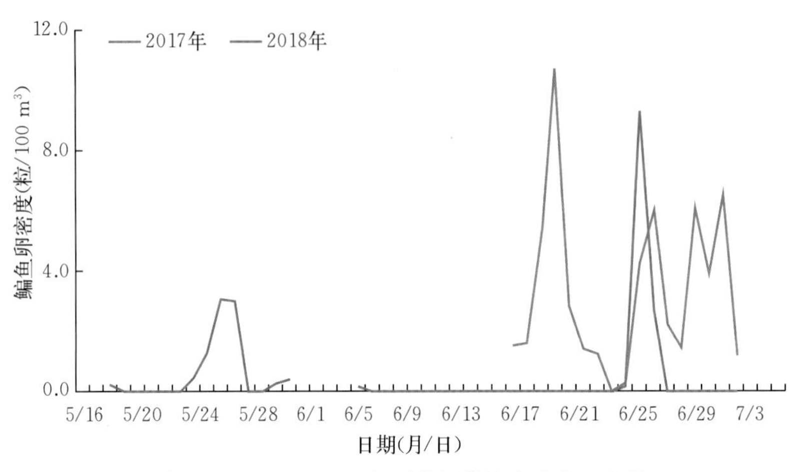

图 7－5　2017—2018 年石首江段鳊卵密度日变化

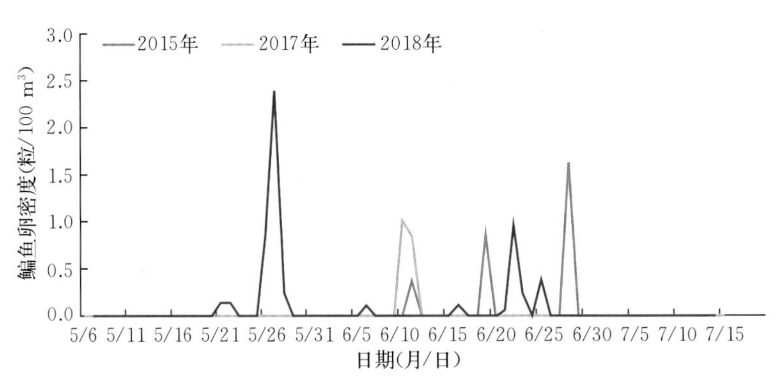

图 7－6　2015、2017、2018 年长江监利江段鳊鱼卵密度日变化

22 日，密度分别为 2.09 粒/100 m^3、2.17 粒/100 m^3、2.40 粒/100 m^3、2.28 粒/100 m^3、2.76 粒/100 m^3。2016 年鳊鱼卵出现天数为 24 d，主要出现在 6 月上下旬及 7 月上旬，高峰期在 6 月 2 日、6 月 24 日、6 月 28 日、7 月 1 日，密度分别为 3.00 粒/100 m^3、4.89 粒/100 m^3、2.12 粒/100 m^3、2.23 粒/100 m^3（图 7－7）。

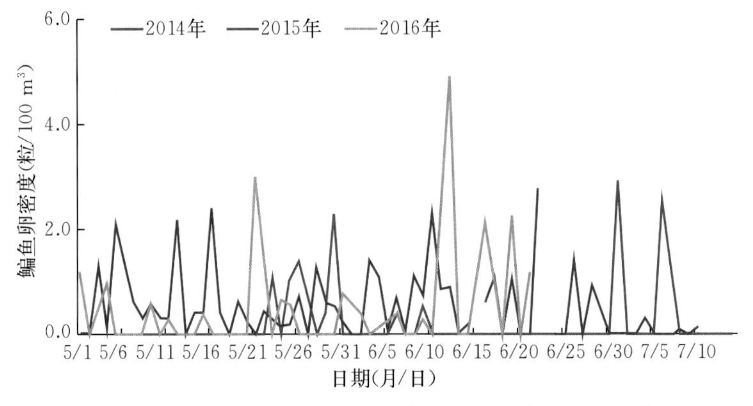

图 7－7　2014—2016 年长江洪湖江段鳊鱼卵密度日变化

二、重要支流

洞庭湖通江水道调查到的鳊的产卵日期为 6 月，产卵持续 14 d，产卵高峰期为 6 月上旬。

表 7-4 重要支流鳊鱼产卵日期

支流	河段	起始时间（年/月/日）	结束时间（年/月/日）	高峰期（月/日）	持续时间（d）
洞庭湖	通江水道	2016/6/9	2016/6/22	6/9	14

2015 年，洞庭湖通江水道调查到的鳊鱼卵出现天数为 5 d，主要出现在 6 月，高峰期在 6 月 9 日，密度为 7.14 粒/100 m^3（图 7-8）。

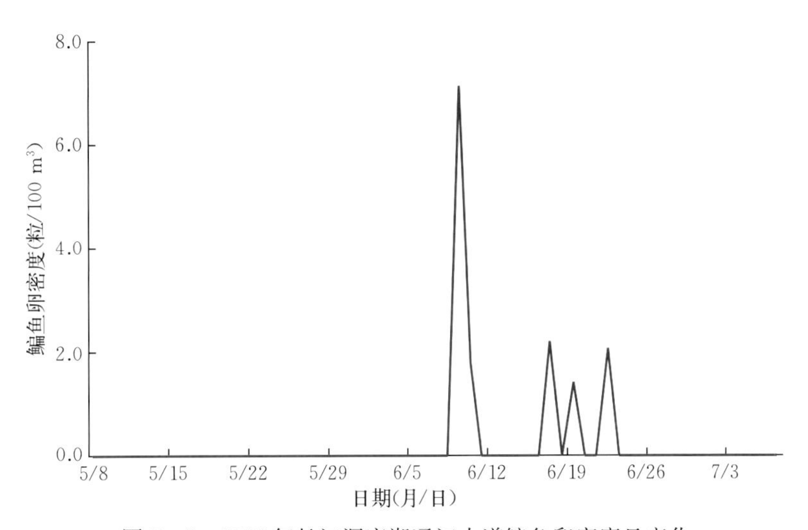

图 7-8 2015 年长江洞庭湖通江水道鳊鱼卵密度日变化

第八章　产卵场保护面临问题与对策

第一节　产卵场保护面临问题

一、水电开发

长江水能资源丰富，干支流水能资源理论蕴藏量约 2.68 亿 kW，占全国水能资源蕴藏量的 38.6%，其中技术可开发量达 1.97 亿 kW。金沙江、长江上游、雅砻江、大渡河和乌江 5 个水电基地技术可开发总量就超过 1.6 亿 kW，占我国已规划的十三大水电基地技术可开发量总量的 55%。

根据审计署 2018 年第 3 号公告《长江经济带生态环境保护审计结果》显示，截至 2017 年，长江经济带已建成小水电站 2.41 万座，最小间距仅 100 m。有 426 座已报废停运电站未拆除拦河坝等建筑物，有生态泄流设施的 6 661 座小水电站中有 86%未实现生态流量在线监测。因小水电等涉水工程过度开发致使长江流域 333 条河流出现不同程度断流，断流河段总长 1 017 km。

近年来，长江经济带大量水利水电工程建设在创造巨大经济效益和社会效益的同时，也改变了长江流域的水生态环境，尤其对水生生物生存环境的影响十分突出。水电开发对长江干支流鱼类产卵场的影响，主要集中在如下方面：（1）流水环境演变为静水环境。坝上游形成水库，水深增加，流速减缓，原流动水体变为半静止或静止的水体，使得坝上游产漂流性卵鱼类产卵所需的水文条件丧失，导致原产卵场消失或适宜范围严重萎缩。（2）水位消失影响鱼类繁殖。对于高坝来说，坝上游水库形成较大范围的消落区，繁殖期间水位大幅下降或频繁变动会导致黏沉性卵露出水面而死亡，使产黏性卵鱼类产卵场失去其功能。（3）坝下产卵场生态功能丧失。坝下游江段水位在繁殖季节涨落幅度减小、水库下泄低温水改变了产漂流性卵鱼类产卵场的水文条件，导致原产卵场功能部分丧失和产卵时间推迟；下泄清水冲刷河道等也导致了坝下江段产黏沉性卵鱼类产卵场环境条件发生改变，造成产卵场功能进一步丧失。（4）阻隔鱼类洄游通道。大坝阻断鱼类生殖洄游路线，致使鱼类在繁殖季节无法洄游至产卵场，同时上游产卵场产出的卵苗也无法正常漂流发育，导致残存产卵场资源贡献率急剧下降。

二、航道整治及港口、桥梁建设等涉水工程

产漂流性卵鱼类产卵场与其特定的河道地形和水动力条件密切相关，航道整治及港口、桥梁建设等涉水工程建设中涉及的疏浚、炸礁、筑坝、抛石、护岸、护滩等工程，在施工期产生的噪声、悬浮物及污水等对位于工程区的产卵场环境也存在较大影响，施工期需避开鱼类繁殖期；此外，这些工程的实施可能导致工程区水文情势发生改变、水动力条件相应变化，进而引起刺激鱼类产卵的水流信号改变，影响鱼类自然产卵，使产卵场功能减弱甚至丧失，需进一步科学设计涉水工程建设方案。

如杜蕴慧等（2013 年）采用河道平面二维数学模型预测分析戴家洲河段航道整治工程实施后对本江段流态、水位、流速等水文变化的影响，进而研究工程对四大家鱼产卵场的影响。结果表明，航道整治工程实施后，流速最大变化仅为－0.05～－0.038 m/s，工程运行后基本不会影响四大家鱼现有产卵场所需的产卵水文条件。易亮等（2019 年）采用相同方法对荆江段航道整治工程影响的研究也表明，工程实施后，产卵期流速变化约为－0.15～－0.10 m/s，不会对产卵场水流流态造成大的影响；工程水下沉排和抛石使得局部河床地形更为复杂，但对河床地形地貌的影响范围和程度较小。

三、采砂

大规模的采砂活动会破坏天然河床结构，改变河道物质输运过程和冲淤规律，干扰河流自然演变，不仅威胁河道的行洪、通航和涉水建筑物安全，而且会对河流生态系统产生不确定影响。

采砂对产卵场的影响主要在于过度无序采砂改变了河床底质和地形地貌，引起产卵场局部流态、流速等水文变化；同时采砂也会降低水体透明度，使产卵场失去鱼类繁殖所必需的环境条件。对砂砾介质类型的产卵场来说，由于大规模采砂使其失去了鱼卵必须依附的石砾或砂粒，对其的破坏更是毁灭性的。

2018 年《长江泥沙公报》显示，2018 年长江干流河道内行政许可实施采砂共 44 项，实际完成采砂总量约 1 301 万 t。按河段分，宜昌以上长江上游河道实施采砂 8 项，采砂总量约 135 万 t；宜昌以下长江中下游河道实施采砂 36 项，采砂总量约 1 166 万 t。按省份分，重庆市实施采砂 8 项，采砂量约 135 万 t；湖北省实施采砂 12 项，采砂量约 144 万 t；江苏省实施采砂 17 项，采砂量约 788 万 t；上海市实施采砂 7 项，采砂量约 234 万 t。洞庭湖未行政许可实施采砂，鄱阳湖行政许可实施采砂共 2 项，实际完成采砂总量约 478 万 t。

《中华人民共和国长江保护法》第二十八条规定的“国务院水行政主管部门有关流域管理机构和长江流域县级以上地方人民政府依法划定禁止采砂区和禁止采砂期，严格控制采砂区域、采砂总量和采砂区域内的采砂船舶数量。禁止在长江流域禁止采砂区和禁止采砂期从事采砂活动。国务院水行政主管部门会同国务院有关部门组织长江流域有关地方人民政府及其有关部门开展长江流域河道非法采砂联合执法工作”，是对河道采砂行为涉及生态的第一次规范。

四、水域污染

长江流域沿岸众多的石油、化工、钢铁企业，加之沿江城镇密布、人口密集，工业、生活污水直排入江河导致产卵场生态环境恶化。2017 年《长江流域及西南诸河水资源公报》显示，长江流域 2017 年全年期评价河长 70 908.7 km。按《地表水环境质量标准》(GB 3838—2002) 评价，水质为Ⅰ、Ⅱ类水的河长为 44 598.0 km，占 62.9%；Ⅲ类水的河长 14 895.6 km，占 21.0%；Ⅳ类水的河长 6 226.3 km，占 8.8%；Ⅴ类水的河长 2 192.0 km，占 3.1%；劣于Ⅴ类水的河长 2 996.9 km，占 4.2%（图 8-1）。总体上，全年期水质劣于Ⅲ类水的河长占总评价河长的 16.1%，主要超标项目为氨氮、总磷、化学需氧量、五日生化需氧量和高锰酸盐指数。各水资源二级区符合或优于Ⅲ类水河长比例由高至低依次为金沙江石鼓以上 100%、宜宾至宜昌 100%、嘉陵江 99.1%、洞庭湖水系 97.9%、鄱阳湖水系 97.6%、宜昌至湖口 92.6%、汉江 86.9%、金沙江石鼓以下 83.6%、岷沱江 80.6%、乌江 78.5%、湖口以下干流 55.1%（图 8-2）。2017 年与 2016 年同比的 66 531 km 河长中，全年期水质劣于Ⅲ类水的河长比例下降了 1.4%，水质有所好转。

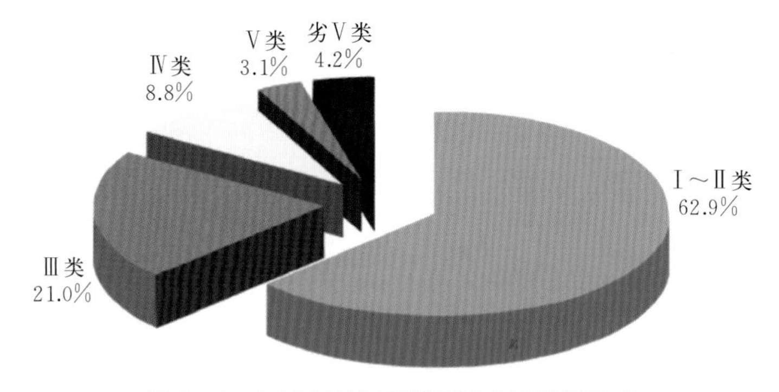

图 8-1　2017 年长江流域河流水质类别组成

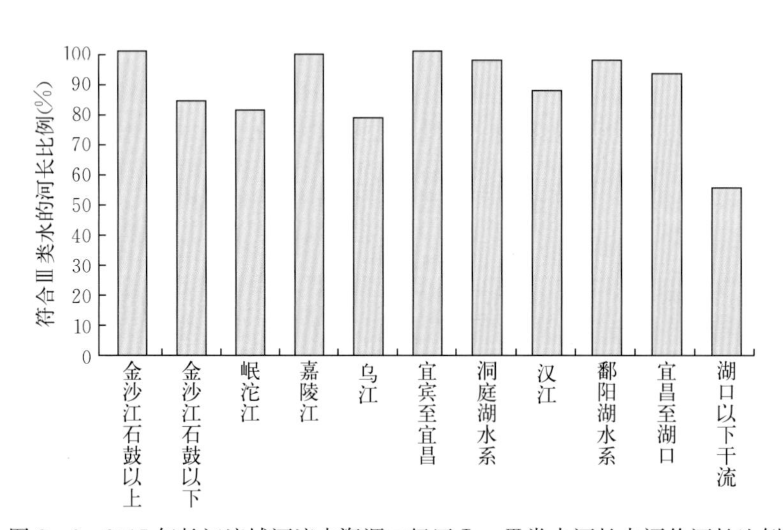

图 8-2　2017 年长江流域河流水资源二级区Ⅰ～Ⅲ类水河长占评价河长比例

2017年《长江流域及西南诸河水资源公报》显示，长江流域2017年废污水排放总量为352.3亿t（不含火电厂直流式冷却水和矿坑排水382.5亿t），同比减少0.9亿t，降幅0.3%。其中生活污水168.0亿t（含第三产业和建筑业66.7亿t），占47.7%，同比增加9.3亿t，增幅5.9%；工业废水184.3亿t，占52.3%，同比减少10.2亿t，降幅5.2%。按水资源二级区统计，排污主要集中在洞庭湖水系、湖口以下干流、鄱阳湖水系、宜昌至湖口、岷沱江和汉江（图8-3），占流域废污水排放量的81.1%。

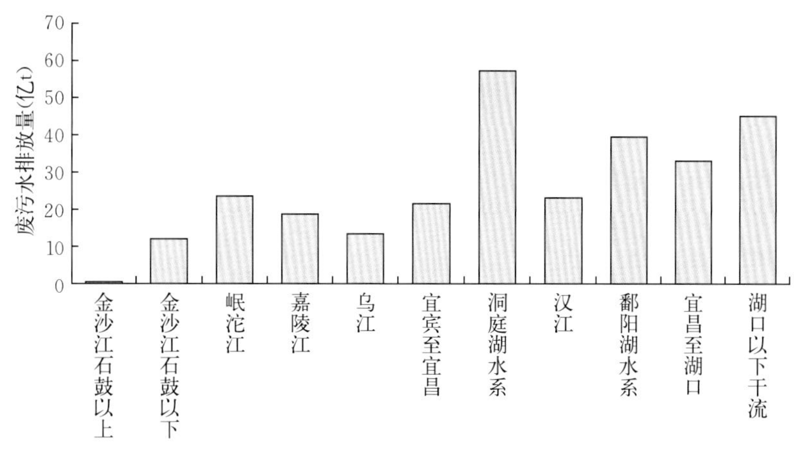

图8-3　2017年长江流域各水资源二级区废污水排放量

五、法律法规缺失

目前我国缺少针对鱼类产卵场保护的法律法规，仅在一些环境保护或渔业相关的法律法规中涉及鱼类产卵场的保护。如1979年2月10日国务院颁布施行的《中华人民共和国水产资源繁殖保护条例》第三章第七条规定：对某些重要鱼虾贝类产卵场、越冬场和幼体索饵场，应当合理规定禁渔区、禁渔期，分别不同情况，禁止全部作业，或限制作业的种类和某些作业的渔具数量；1987年10月国务院批准的《中华人民共和国渔业法实施细则》第三章第十二条规定：全民所有的水面、滩涂中的鱼、虾、蟹、贝、藻类的自然产卵场、繁殖场、索饵场及重要的洄游通道必须予以保护，不得划作养殖场所。随着社会经济的发展，新情况、新问题的不断出现，实际工作中对产卵场的保护依据越来越不足。

《中华人民共和国长江保护法》第五十九条规定："国务院林业和草原、农业农村主管部门应当对长江流域数量急剧下降或者极度濒危的野生动植物和受到严重破坏的栖息地、天然集中分布区、破碎化的典型生态系统制定修复方案和行动计划，修建迁地保护设施，建立野生动植物遗传资源基因库，进行抢救性修复。

在长江流域水生生物产卵场、索饵场、越冬场和洄游通道等重要栖息地应当实施生态环境修复和其他保护措施。对鱼类等水生生物洄游产生阻隔的涉水工程应当结合实际采取建设过鱼设施、河湖连通、生态调度、灌江纳苗、基因保存、增殖放流、人工繁育等多种措施，充分满足水生生物的生态需求。”

《中华人民共和国长江保护法》是我国第一次明确鱼类产卵场保护的相关法律，在严格执行和落实的基础上有必要针对产卵场进一步制定针对性法律法规，提升产卵场保护在长江水生生物保护中的重要地位，为长江生物资源补充与增殖提供法律保障。

第二节　产卵场保护对策

一、制定重要鱼类产卵场管理办法

对重要鱼类产卵场进行勘界定标，并制定重要鱼类产卵场管理办法，管理办法中应列出负面清单，禁止在产卵场范围内从事围湖造田、新建排污口等涉水工程；在产卵场范围内修建水利工程、疏浚航道、建闸筑坝、勘探和开采矿产资源、港口建设等工程建设的，应当按照有关规定编制专题论证报告，并将论证结果纳入环境影响评价报告书。对产卵场造成破坏的，建设单位应当按照破坏程度，设立专项补偿资金，制订补偿方案或综合补救措施。

二、制定科学的生态调度措施

四大家鱼等产漂流性卵鱼类的自然繁殖需要一定涨水刺激，水库调度方式主要围绕防洪、发电、航运、供水等效益，对鱼类的繁殖活动考虑较少。在水利调度时只有依据四大家鱼等鱼类繁殖水文需求，运用先进的调度技术和方式创造满足鱼类繁殖所需的人造洪峰过程，促进四大家鱼等产漂流性卵鱼类产卵，才能使产卵场发挥出其最大生态功能。

三、修建过鱼设施

过鱼设施可以打通被大坝阻断鱼类生殖洄游路线，使鱼类在繁殖季节能洄游至产卵场进行自然繁殖，恢复因被大坝阻断而丧失功能的产卵场。同时过鱼设施也是大坝上游的亲本或幼鱼下行的重要通道。过鱼设施在应用中根据不同情况需针对性开展科学设计，需考虑鱼类洄游特性，分别针对溯河洄游过鱼设施和降河洄游过鱼设施开展针对性研究，同时在鱼道、鱼闸、升鱼机和集鱼船等多种形式中筛选有效过鱼方式，已修建过鱼设施的需开展针对性研究，进一步优化过鱼设施结构设计与运行方式，未修建过鱼设施的水电工程应开展补充论证，确有必要的需补充过鱼设施建设。

四、开展鱼类产卵场生境修复

四大家鱼产卵场相对于历史最好时期仅不足原有数量的一半，虽然在长江上游新形成了一些小规模产卵场，但受长江流域涉水工程和人类活动多重影响，产卵场生境条件处于持续变化中，同时针对圆口铜鱼等重要鱼类，原有产卵场消失后能否异地重建产卵场也是一项非常必要开展的研究，针对自然生境条件已经遭到破坏，但有可能恢复的产卵场，通过采取必要的科研研究和适当的工程措施，修复因水域污染、工程建设、河道（航道）整治、采砂等人为活动遭到破坏或退化的江河鱼类产卵场，逐步恢复鱼类产卵场的生态功能，针对产卵场已消失的物种，应该通过充分论证，尝试性开展异地重建，在保存种质资源的同时实现种群自然增殖。

主要参考文献

鲍旭腾，黄一心，赵平，等，2016. 长江流域捕捞作业状况调研及对策研究［J］. 江西水产科技（3）：39－43.

毕雪，田志福，杨梦斐，2016. 葛洲坝电站运行对中华鲟产卵场水流条件的影响［J］. 人民长江，47（17）：25－29.

曹文宣，2007. 长江鱼类早期资源［M］. 北京：中国水利水电出版社.

长江四大家鱼产卵场调查队，1982. 葛洲坝水利枢纽工程截流后长江四大家鱼产卵场调查［J］. 水产学报，（4）：287－305.

陈大庆，赵衣民，林祥明，等，2021，长江水生生物资源监测手册［M］. 北京：中国农业出版社.

陈进，2018. 长江流域水资源调控与水库群调度［J］. 水利学报，49（1）：2－8.

陈磊，朱孔贤，胡征宇，等，2015. 三峡水库社区渔业浅析［J］. 水生生物学报，39（5）：1027－1034.

陈宜瑜，1998. 中国动物志 硬骨鱼纲 鲤形目 中卷［M］. 北京：科学出版社.

崔磊，2017. 长江水电开发与生态环境保护［J］. 水力发电，43（7）：10－12.

丁瑞华，1994. 四川鱼类志［M］. 成都：四川科学技术出版社.

杜蕴慧，曾小辉，谢文星，等，2013. 戴家洲河段航道整治工程对“四大家鱼”产卵场的影响［J］. 水生态学杂志，34（6）：52－57.

段辛斌，陈大庆，李志华，等，2008. 三峡水库蓄水后长江中游产漂流性卵鱼类产卵场现状［J］. 中国水产科学（4）：523－532.

段辛斌，刘绍平，熊飞，等，2008. 长江上游干流春季禁渔前后三年渔获物结构和生物多样性分析［J］. 长江流域资源与环境（6）：878－885.

段辛斌，田辉伍，高天珩，等，2015. 金沙江一期工程蓄水前长江上游产漂流性卵鱼类产卵场现状［J］. 长江流域资源与环境，24（8）：1358－1365.

段辛斌，俞立雄，王珂，2023. 长江中游四大家鱼产卵场特征研究［M］. 北京：中国农业出版社.

范振华，巴家文，段辛斌，2012. 长江宜昌至城陵矶江段鱼类资源现状及物种多样性研究［J］. 淡水渔业，42（4）：20－25.

高雷，胡兴坤，杨浩，等，2019. 长江中游黄石江段四大家鱼早期资源现状［J］. 水产学报（6）：1498－1506.

高少波，唐会元，陈胜，等，2015. 金沙江一期工程对保护区圆口铜鱼早期资源补充的影响［J］. 水生态学杂志，36（2）：6－10.

高天珩，田辉伍，王涵，等，2015. 长江上游江津断面铜鱼鱼卵时空分布特征及影响因子分析［J］. 水产学报，39（8）：1099－1106.

郭国忠，高雷，段辛斌，等，2017. 长江中游洪湖段仔鱼昼夜变化特征的初步研究［J］. 淡水渔业（1）：49－55

郭海晋，陈玺，2017. 长江上游径流持续偏枯地区贡献度及成因研究［J］. 水资源研究，6（4）：309－316.

郭琴，高雷，潘文杰，等，2020. 赣江下游丰城段鱼类早期资源现状调查［J］. 水生态学杂志，41（6）：106－112.

郭璇，2016. 通天河及江源区综合规划陆生生态影响评价［D］. 武汉：华中师范大学.
韩杨，衣艳荣，2018. 长江水生生物资源与环境保护迫在眉睫［J］. 绿叶（11）：26-34.
何学福. 1980. 铜鱼（*Coreius heterodon* Bleeker）的生物学研究［J］. 西南师范学院学报（自然科学版）（2）：60-76.
胡德高，柯福恩，张国良，等，1985. 葛洲坝下中华鲟产卵场的第二次调查［J］. 淡水渔业（3）：22-24+33.
胡兴坤，高雷，杨浩，等，2019. 长江中游黄石江段鱼类早期资源现状［J］. 长江流域资源与环境，20：60-67.
胡永梁，1984. 地理［M］. 成都：四川人民出版社.
黄强，2011. 强化建设 提升服务 切实推动长江港口又好又快发展［J］. 中国水运（8）：5-7.
黄强，陆望程，2004. 长江航运知识读本［M］. 武汉：湖北科学技术出版社.
姜伟，2009. 长江上游珍稀特有鱼类国家级自然保护区干流江段鱼类早期资源研究［D］. 中国科学院水生生物研究所.
蒋国福，何学福，2008. 嘉陵江下游鱼类资源现状调查［J］. 淡水渔业（2）：3-7.
黎明政，姜伟，高欣，等，2010，长江武穴江段鱼类早期资源现状［J］. 水生生物学报，4（6）：1211-1217.
李明德. 2012. 中国经济鱼类生态学［M］. 天津：天津科学技术出版社.
李思忠，方芳. 1990. 鲢、鳙、青鱼、草鱼地理分布的研究［J］. 动物学报（3）：244-250.
李祥艳，田辉伍，蒲艳，等，2022. 长江上游宜宾江段鱼类早期资源现状研究［J］. 渔业科学进展（4）：93-104.
李修峰，黄道明，谢文星，2006. 汉江中游江段四大家鱼产卵场现状的初步研究［J］. 动物学杂志（2）：76-80.
廖伏初，何望，黄向荣，等，2002. 洞庭湖渔业资源现状及其变化［J］. 水生生物学报，26（006），623-627.
刘彬彬，吴志强，胡茂林，等，2009. 赣江中游四大家鱼产卵场现状初步调查［J］. 江西科学，27（5）：662-666+679.
刘光迅，2012. 长薄鳅（*Leptobotia elongata*）野生资源分布及其种群遗传多样性研究［D］. 成都：四川农业大学.
刘红萍，周波. 2018. 圆口铜鱼的生物学研究现状、问题与对策［J］. 植物医生，31（1）：37-38.
刘乐和，吴国犀，1990. 葛洲坝水利枢纽兴建后长江干流铜鱼和圆口铜鱼的繁殖生态［J］. 水生生物学报，14（3）：205-215.
刘明典，高雷，田辉伍，等，2018. 长江中游宜昌江段鱼类早期资源现状［J］. 中国水产科学，25（1）：147-158.
刘绍平，2016. 澜沧江水生生物物种资源调查与保护［M］. 北京：科学出版社.
刘绍平，段辛斌，陈大庆，等，2005. 长江中游渔业资源现状研究［J］. 水生生物学报（6）：708-711.
刘艳佳，高雷，郑永华，等，2020. 洞庭湖通江水道鱼类资源周年动态及其洄游特征研究［J］. 长江流域资源与环境，29（2）：376-385.
吕浩，田辉伍，申绍祎，等，2019. 岷江下游产漂流性卵鱼类早期资源现状［J］. 长江流域资源与环境（3）：586-593.
毛瑞鑫，张雅斌，郑伟，等，2010. 四大家鱼种质资源的研究进展［J］. 水产学杂志，23（3）：52-59.
孟秋，高雷，汪登强，等，2020. 长江中游监利江段鱼类早期资源及生态调度对鱼类繁殖的影响［J］. 中国水产科学（7）：824-833.

倪勇，朱成德，2005. 太湖鱼类志［M］. 上海：上海科学技术出版社.
农业部，2011. 水产种质资源保护区管理暂行办法［J］. 中华人民共和国农业部公报（1）：4-6.
生态环境部，2019. 2018 中国生态环境状况公报［J］. 环保工作资料选（6）：19-32.
石铭鼎，栾临滨，等，1989. 长江［M］. 上海：上海教育出版社.
石琼，范明君，张勇，2015. 中国经济鱼类志［M］. 武汉：华中科技大学出版社.
水利部长江水利委员会，2018. 长江流域及西南诸河水资源公报［M］. 武汉：长江出版社.
水利部长江水利委员会，2018. 长江泥沙公报 2017［M］. 武汉：长江出版社.
水利部长江水利委员会，2019. 长江流域及西南诸河水资源公报 2018［M］. 武汉：长江出版社.
孙大东，杜军，周剑，等，2010. 长薄鳅研究现状及保护对策［J］. 四川环境，29（6）：98-101.
田见龙，1989. 万安大坝截流前赣江鱼类调查及渔业利用意见［J］. 淡水渔业（1）：33-39.
田莉，薛兴华，2019. 2004—2016 年长江中游水质时空变化趋势分析［J］. 环境与发展，31（3）：120+122.
王导群，田辉伍，唐锡良，等，2019. 金沙江攀枝花江段产漂流性卵鱼类早期资源现状［J］. 淡水渔业（6）：41-47.
汪登强，高雷，段辛斌，等，2019. 汉江下游鱼类早期资源及梯级联合生态调度对鱼类繁殖影响的初步分析［J］. 长江流域资源与环境（8）：1909-1917.
王国栋，杨文俊，2013. 河道采砂对河道及涉水建筑物的影响研究［J］. 人民长江，44（15）：69-72.
王海燕，2019. 鱼类产卵场调查监测进展［J］. 水产研究，6（3）：135-139.
王佳宁，徐顺青，武娟妮，等，2019. 长江流域主要污染物总量减排及水质响应的时空特征［J］. 安全与环境学报，19（3）：1065-1074.
王龙飞，田辉伍，严忠銮，等，2022. 长江上游泸州江段鱼类早期资源现状及其与水文条件响应关系［J］. 长江流域资源与环境（4）：814-822.
王武，2000. 鱼类增养殖学［M］. 北京：中国农业出版社.
王艳君，姜彤，许崇育，等，2005. 长江流域 1961—2000 年蒸发量变化趋势研究［J］. 气候变化研究进展（3）：99-105.
危起伟，2012. 长江上游珍稀特有鱼类国家级自然保护区科学考察报告［M］. 北京：科学出版社.
吴建明，2018. 长江采砂船舶建造与管理对策建议［J］. 长江技术经济，2（3）：35-38.
吴源，1985. 地理［M］. 长春：吉林人民出版社.
伍献文，1963. 中国经济动物志 淡水鱼类［M］. 北京：科学出版社.
谢平主，2018. 三峡工程对长江中下游湿地生态系统的影响评估［M］. 武汉：长江出版社.
谢文星，唐会元，黄道明，等，2014. 湘江祁阳—衡南江段产漂流性卵鱼类产卵场现状的初步研究［J］. 水产科学，33（2）：103-107.
许蕴玕，邓中粦，余志堂，等，1981. 长江的铜鱼生物学及三峡水利枢纽对铜鱼资源的影响［J］. 水生生物学集刊，7（3）：271-294.
杨海乐，沈丽，何勇凤，等，2023. 长江水生生物资源与环境本底状况调查（2017—2021）［J］. 水产学报（2）：3-30.
杨刚，洪巧巧，张涛，等，2012. 长江口中华鲟自然保护区潮间带鱼类群落结构［J］. 生态学杂志，31（5）：1194-1201.
杨桂山，吴道喜，李利峰，2007. 长江保护与发展报告 2007［M］. 北京：长江出版社.
杨祥飞，2012. 长江上游宜宾—重庆河段航道整治新结构新材料应用［J］. 水运工程（10）：115-119.
叶富良，张健东，2002. 鱼类生态学［M］. 广州：广东高等教育出版社.
易伯鲁，余志堂，梁秩燊，等，1988. 水利枢纽建设与渔业生态研究专集葛洲坝水利枢纽与长江四大家鱼［M］. 武汉：湖北科学技术出版社.

易亮，冯桃辉，刘玉娇，2019. 航道整治水文情势变化对四大家鱼产卵场的影响：以荆江周天河段为例 [J]. 人民长江，50 (4)：94-99.
殷名称，1995. 鱼类生态学 [M]. 北京：中国农业出版社.
殷名称，2003. 鱼类生态学 [M]. 北京：中国农业出版社.
余日清，1990. 葛洲坝截流后长江宜昌江段的铜鱼繁殖研究 [J]. 中山大学学报论丛 (1)：220-224.
虞孝感，2002. 长江流域生态安全问题及建议 [J]. 自然资源学报 (3)：294-298.
张康，杨明祥，梁藉，等，2019. 长江上游水库群联合调度下的河流水文情势研究 [J]. 人民长江，50 (2)：107-114.
张西斌，陈燃，2018. 铜陵淡水豚国家级自然保护区长江段面上管理现状与对策 [J]. 铜陵职业技术学院学报，17 (3)：31-34.
赵雯，高雷，段辛斌，等，2021. 三峡库区丰都江段鱼类早期资源现状研究 [J]. 水生态学杂志，42 (2)：49-55.
赵云芳，1995. 长薄鳅生物学特性的初步观察 [J]. 四川动物，(3)：122.
中华人民共和国水利部，2019. 中国河流泥沙公报 2018 [M]. 北京：中国水利水电出版社.
周春生，梁秩燊，黄鹤年，1980. 兴修水利枢纽后汉江产漂流性卵鱼类的繁殖生态 [J]. 水生生物学集刊，(2)：175-188.
周雪，王珂，陈大庆，等，2019. 三峡水库生态调度对长江监利江段四大家鱼早期资源的影响 [J]. 水产学报，43 (8)：1781-1789.
周湖海，田辉伍，何春，等，2019. 金沙江下游巧家江段产漂流性卵鱼类早期资源研究 [J]. 长江流域资源与环境 (12)：2910-2920.
邹淑珍，2011. 赣江中游大型水利工程对鱼类及其生态环境的影响研究 [D]. 南昌：南昌大学.
邹淑珍，吴志强，胡茂林，等，2010. 峡江水利枢纽对赣江中游鱼类资源影响的预测分析 [J]. 南昌大学学报 (理科版)，34 (3)：289-293.
Hongxia Mu, Mingzheng Li, Huanzhang Liu, et al., 2014. Analysis of fish eggs and larvae flowing into the Three Gorges Reservoir on the Yangtze River, China [J]. Fisheries Science, 80 (3).
Hutchings J A, 1996. Spatial and temporal variation in the density of northern cod and a review of hypotheses for the stock's collapse [J]. Canadian Journal of Fisheries and Aquatic Sciences, 53 (1).
Jiang W, Liu H Z, Duan Z H, et al., 2010. Seasonal Variation in Drifting Eggs and Larvae in the Upper Yangtze, China [J]. Zoological Science, 27 (5): 402-409.
Liu F, Wang J, Cao W, 2012. Long-term changes in fish assemblage following the impoundments of the Three Gorges Reservoir in Hejiang, a protected reach of the upper Yangtze River [J]. Knowledge and Management of Aquatic Ecosystems, (407): 06.
Maolin Hu, Qi Hua, Huiming Zhou, et al., 2015. The effect of dams on the larval abundance and composition of four carp species in key river systems in China [J]. Environmental Biology of Fishes, 98 (4).
Mingzheng Li, Zhonghua Duan, Xin Gao, et al., 2016. Impact of the Three Gorges Dam on reproduction of four major Chinese carps species in the middle reaches of the Changjiang River [J]. Chinese Journal of Oceanology and Limnology, 34 (5).
Nordeide J, Kjellsby E, 1999. Sound from spawning cod at their spawning grounds [J]. ICES Journal of Marine Science, 56 (3): 326-332.
Peng Ren, Hu He, Yiqing Song, et al., 2016. The spatial pattern of larval fish assemblages in the lower reach of the Yangtze River: potential influences of river-lake connectivity and tidal intrusion [J]. Hydrobiologia, 766 (1).

Song Y，Cheng F，Murphy B R，et al.，2017. Downstream effects of the Three Gorges Dam on larval dispersal，.spatial distribution and growth of the four major Chinese carps call for reprioritizing conservation measures [J]. Journal Canadien Des Sciences Halieutiques Et Aquatiques，75 (1).

Xinbin Duan，Shaoping Liu，Mugui Huang，et al.，2009. Changes in abundance of larvae of the four domestic Chinese carps in the middle reach of the Yangtze River，China，before and after closing of the Three Gorges Dam [J]. Environmental Biology of Fishes，86 (1).

附　录

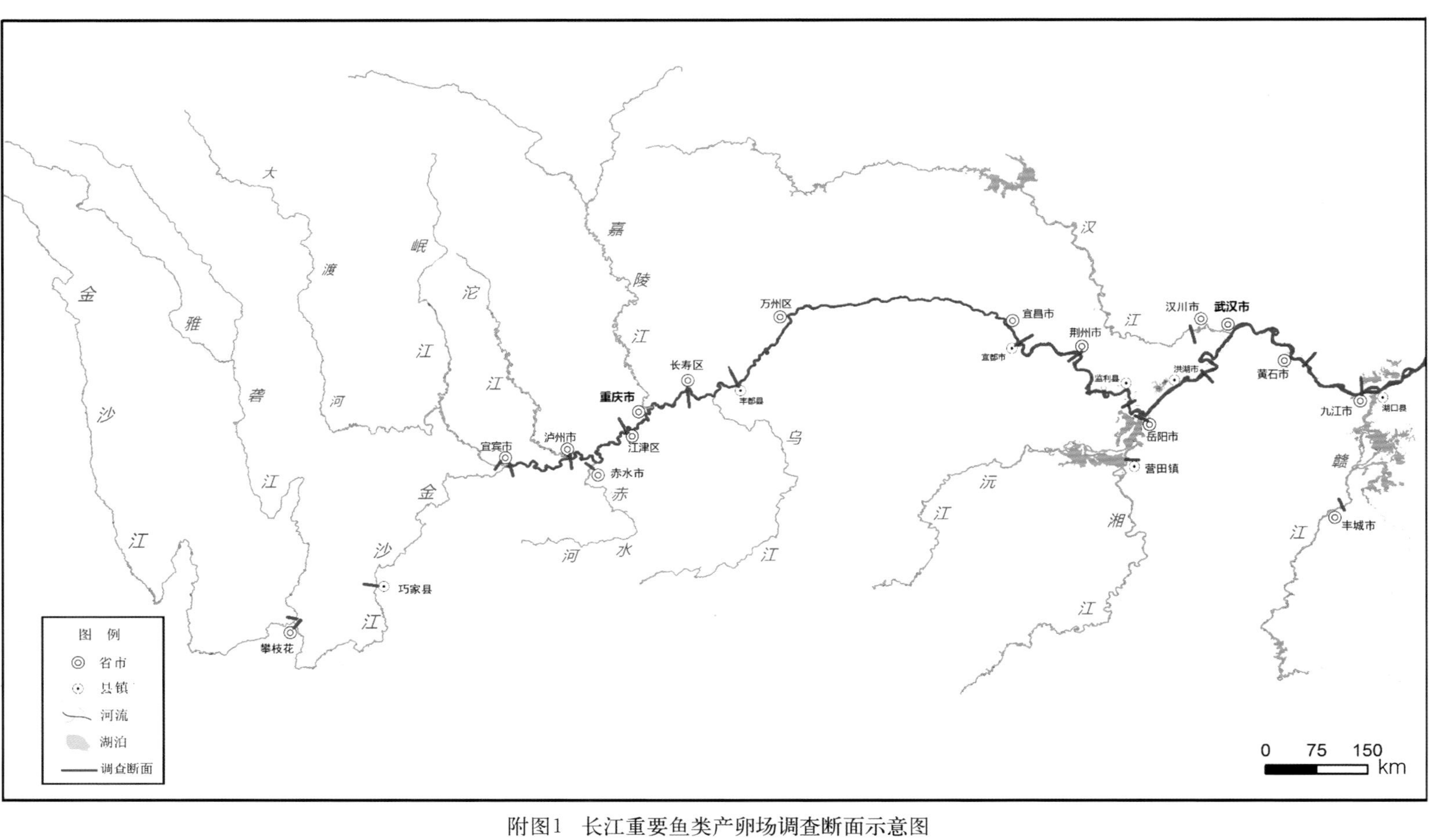

附图1　长江重要鱼类产卵场调查断面示意图

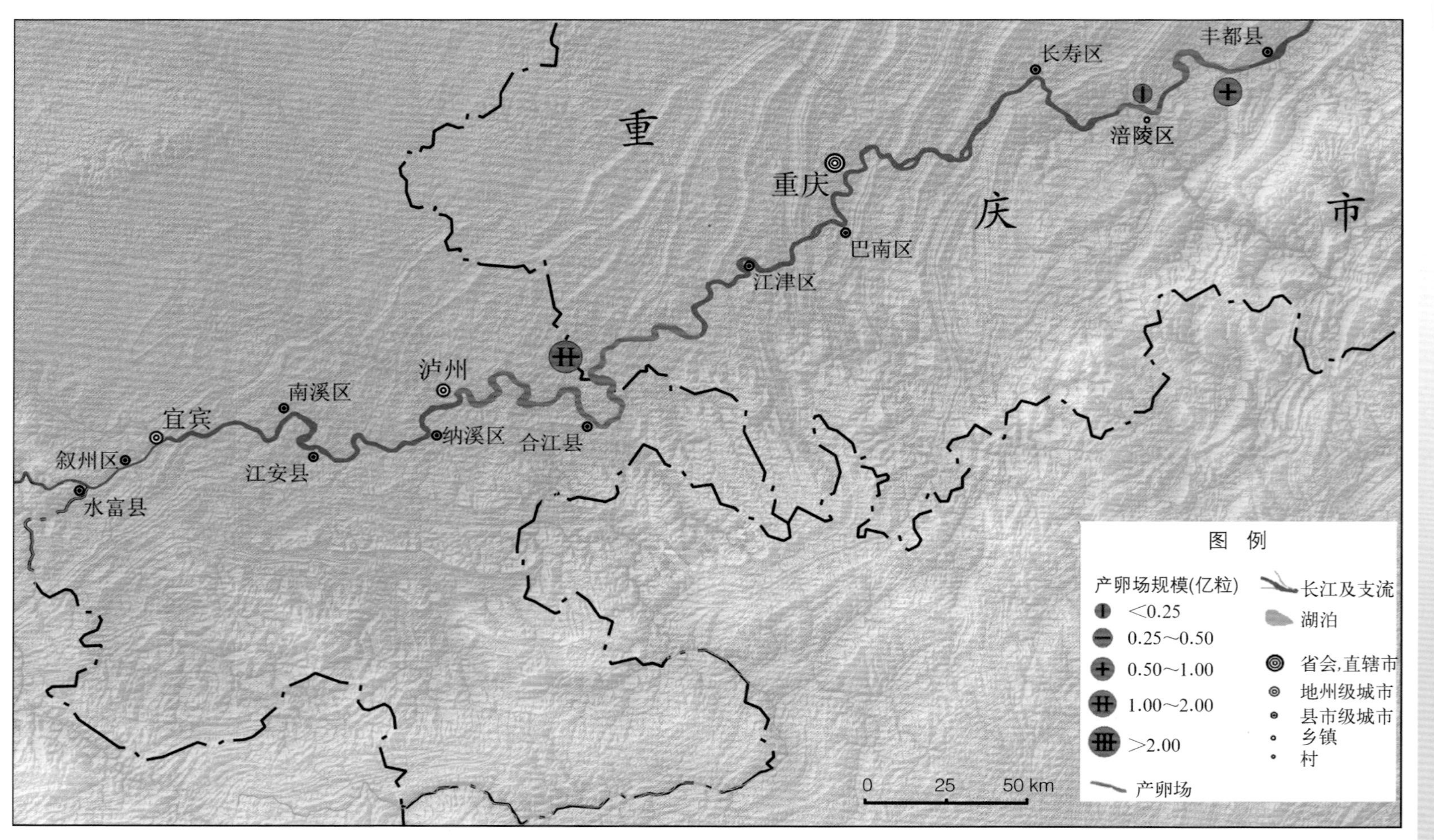

附图2　长江上游四大家鱼产卵场分布示意图

附图 3　长江上游泸州段四大家鱼产卵场生境状况

附图 4　长江上游合江段四大家鱼产卵场生境状况

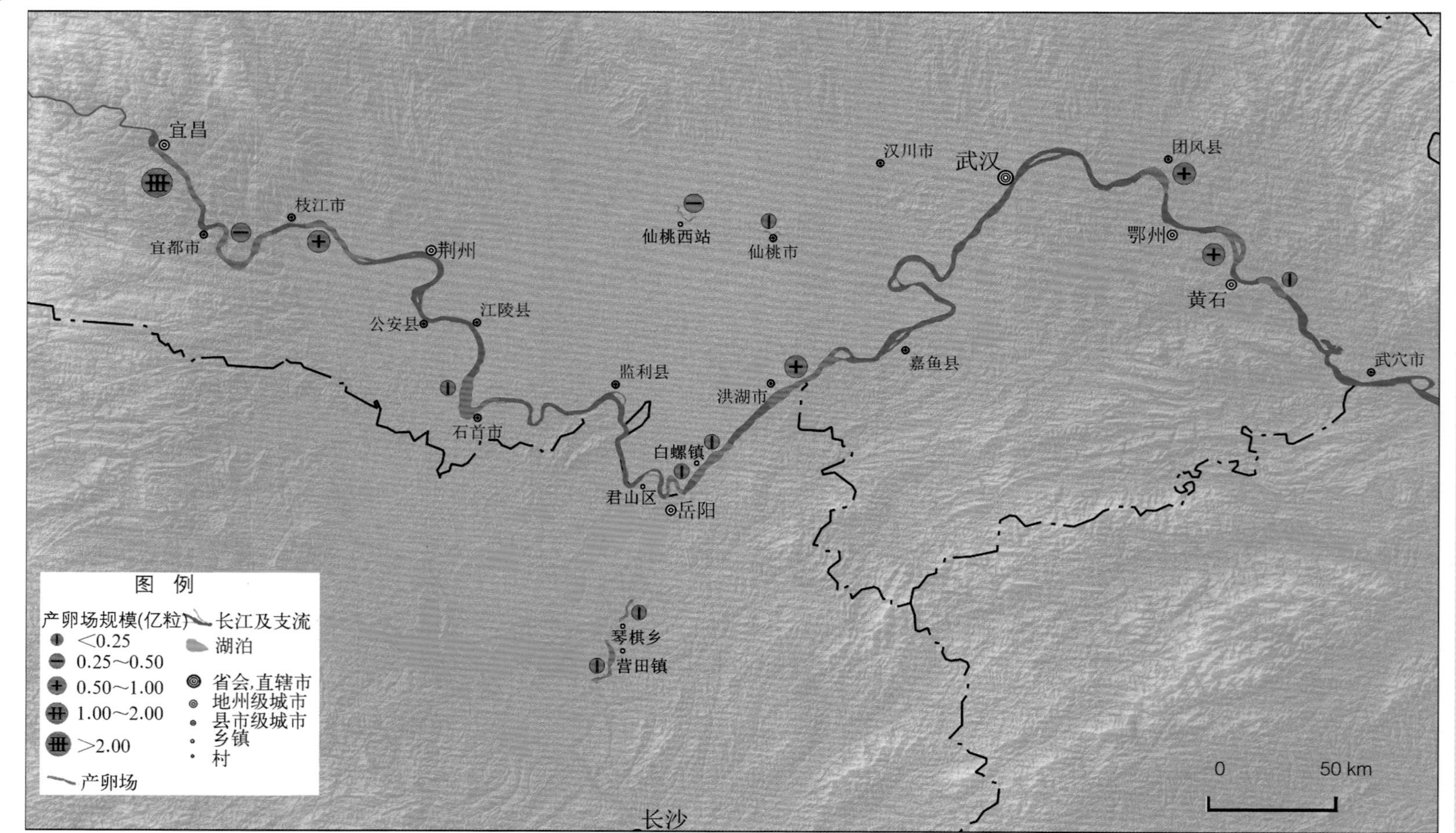

附图5 长江中游四大家鱼产卵场分布示意图

附图 6　长江中游宜昌段四大家鱼产卵场生境状况

附图 7　长江中游枝江段四大家鱼产卵场生境状况

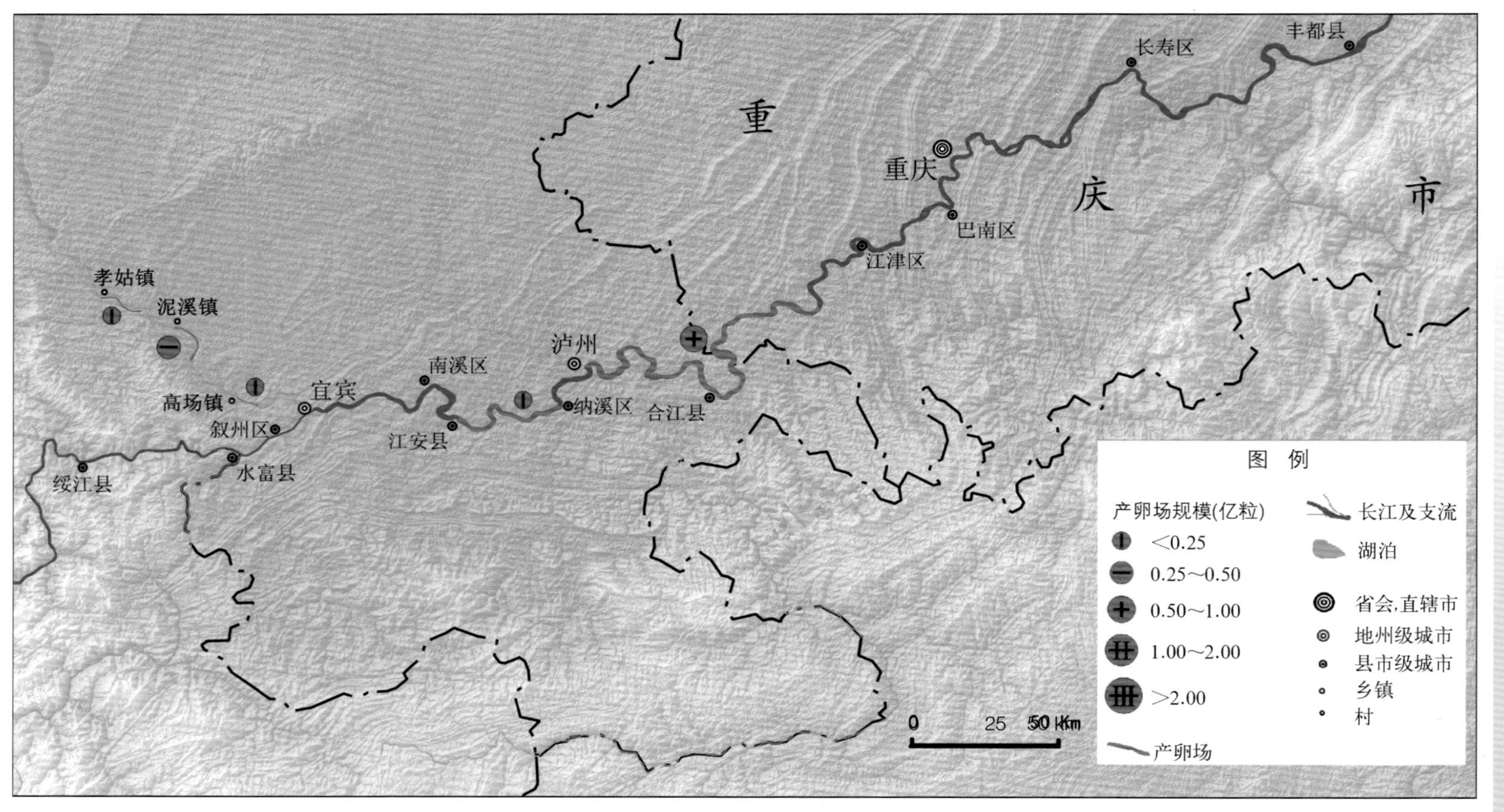

附图8 长江上游长薄鳅产卵场分布示意图

附图 9　长江上游江安县段长薄鳅产卵场生境状况

附图 10　长江上游纳溪段长薄鳅产卵场生境状况

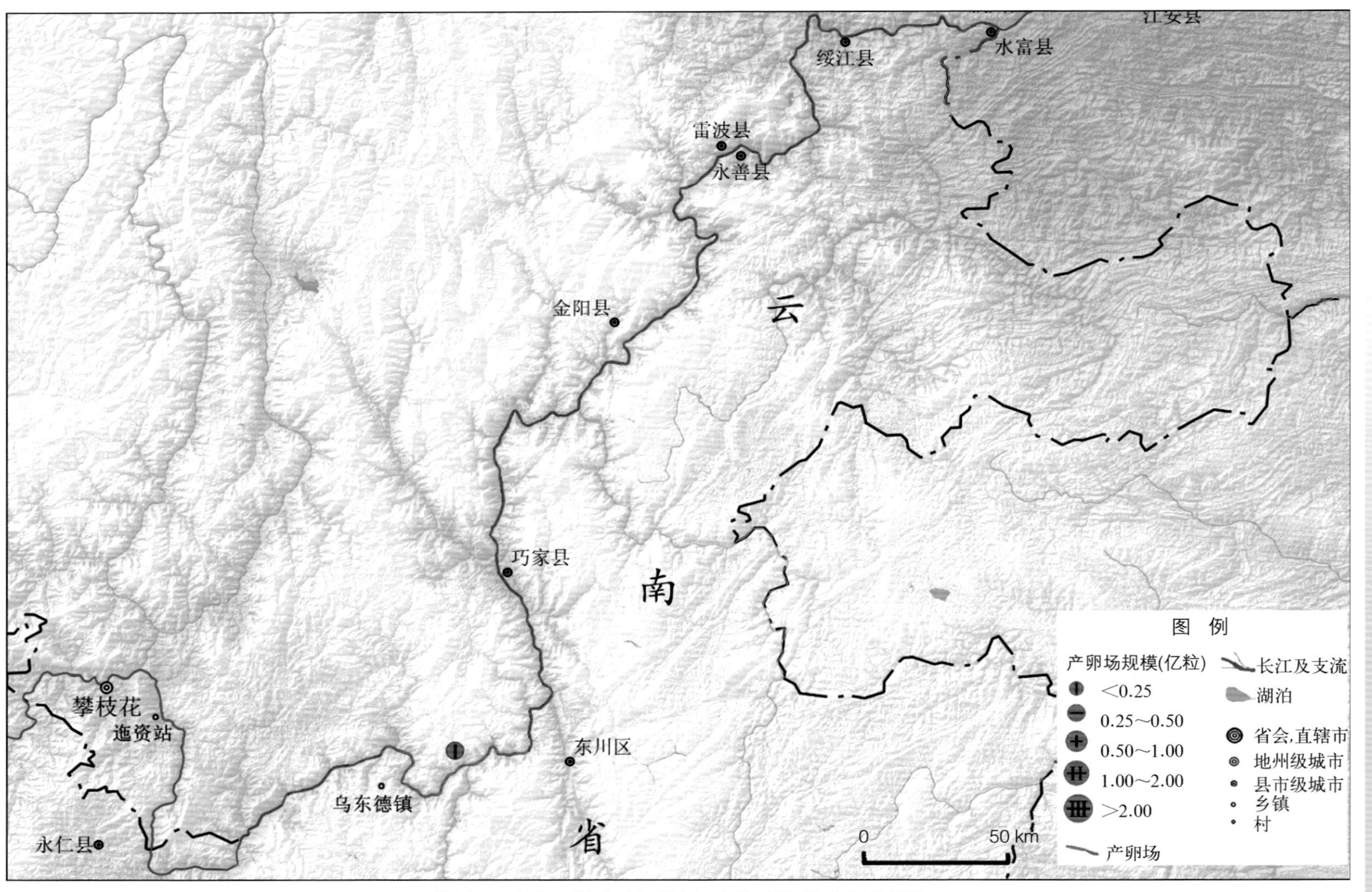

附图11　长江上游金沙江段圆口铜鱼产卵场分布示意图

附图 12　金沙江东川段圆口铜鱼产卵场生境状况

附图 13　金沙江东川段圆口铜鱼产卵场生境状况

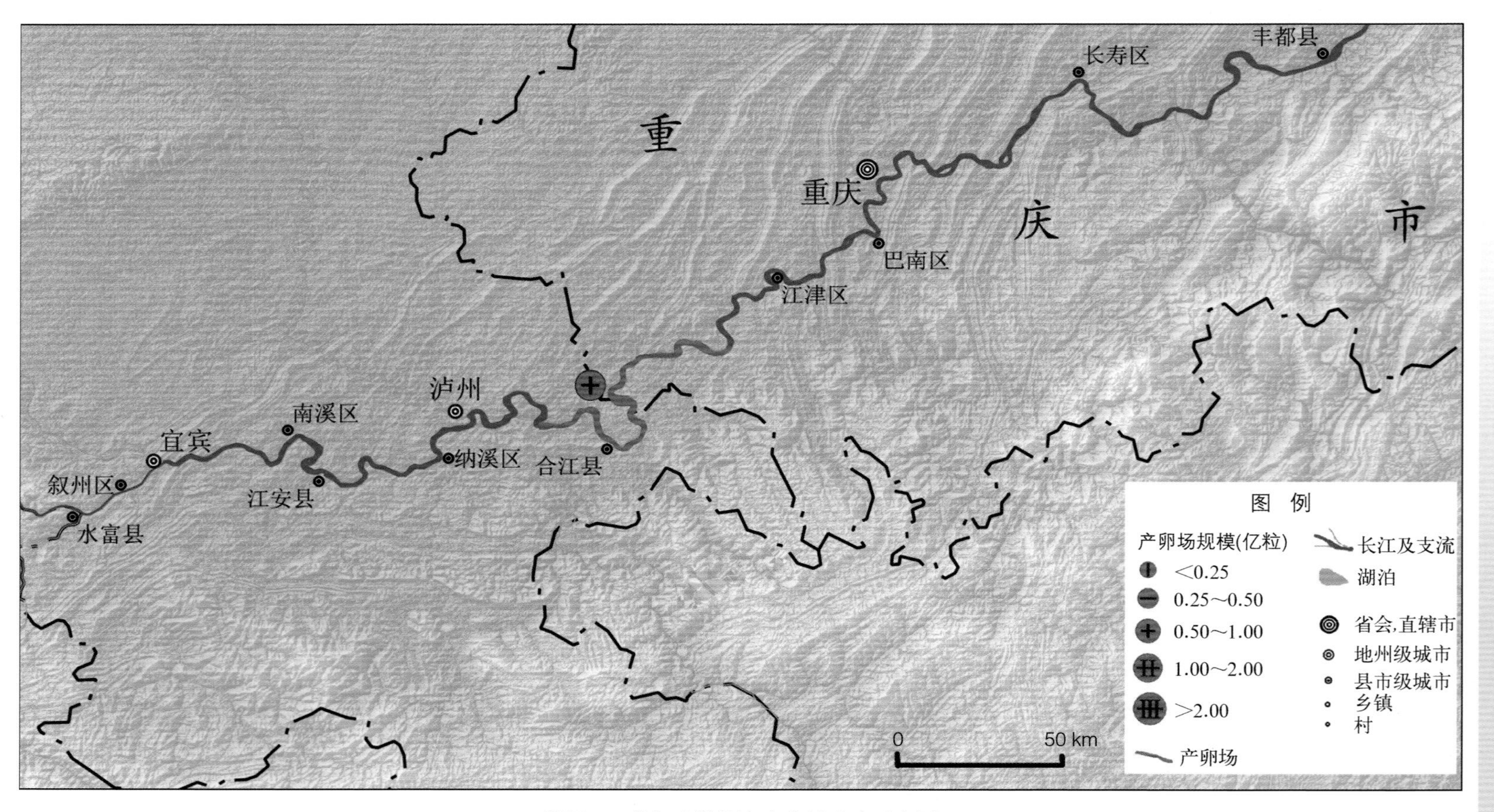

附图14 长江上游铜鱼产卵场分布示意图

附图 15　长江上游合江段铜鱼产卵场生境现状

附图 16　长江上游合江段铜鱼产卵场生境现状

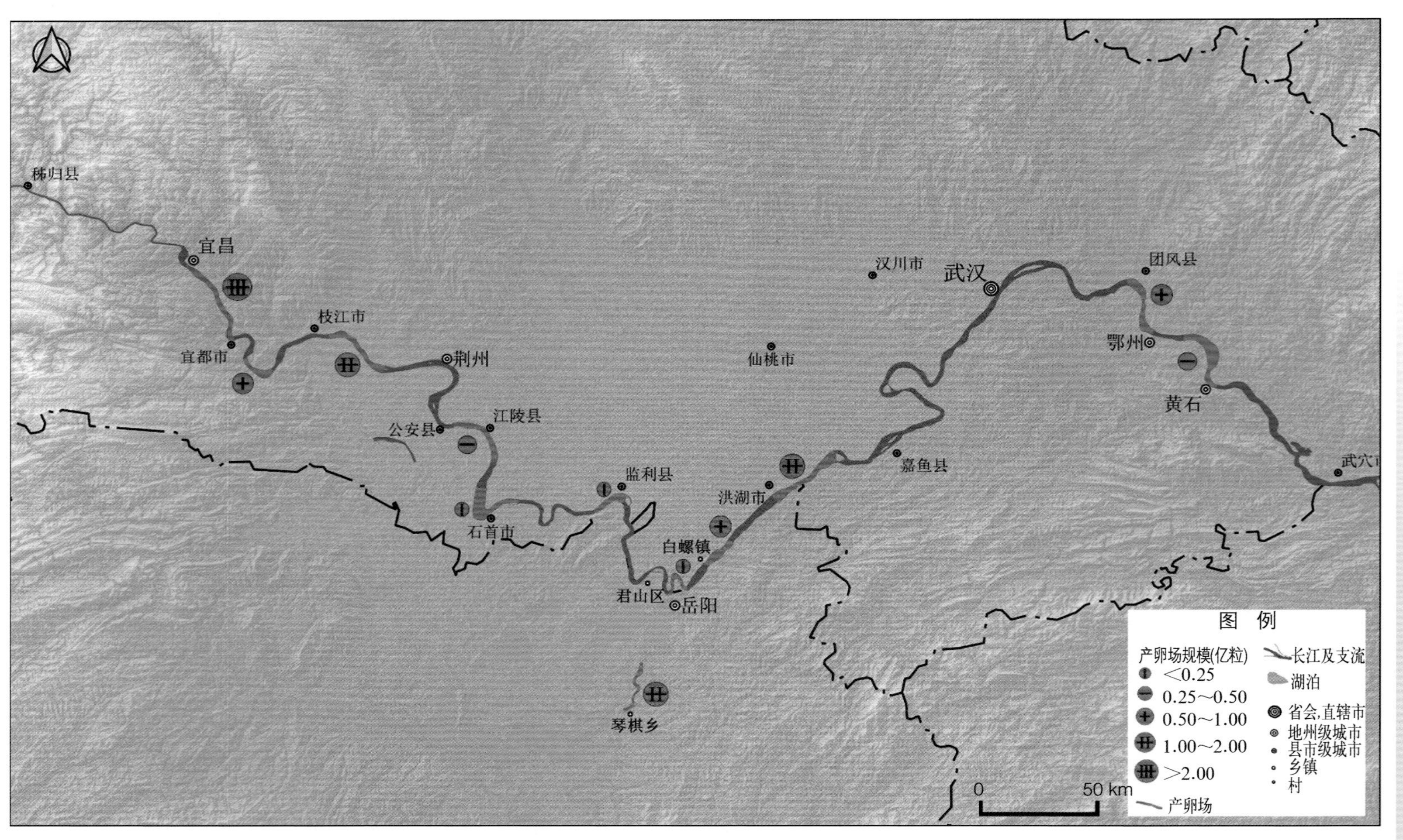

附图17　长江中游鳊产卵场分布示意图

附图 18　长江中游枝江段鳊产卵场生境状况

附图 19　长江中游鄂州段鳊产卵场生境状况

图书在版编目（CIP）数据

长江重要鱼类产卵场调查与保护 / 段辛斌等著．—北京：中国农业出版社，2023.12
ISBN 978-7-109-31612-6

Ⅰ．①长…　Ⅱ．①段…　Ⅲ．①长江—淡水鱼类—产卵场—保护—研究　Ⅳ．①S965.1

中国国家版本馆 CIP 数据核字（2023）第 239213 号

中国农业出版社出版
地址：北京市朝阳区麦子店街 18 号楼
邮编：100125
责任编辑：张丽四
版式设计：王　晨　　责任校对：吴丽婷
印刷：北京通州皇家印刷厂
版次：2023 年 12 月第 1 版
印次：2023 年 12 月北京第 1 次印刷
发行：新华书店北京发行所
开本：787mm×1092mm　1/16
印张：6
字数：142 千字
定价：60.00 元